இஸ்ரோ (ISRO)

ஜெகாதா

சத்யா

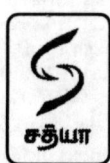

Title
ISRO
Jakatha
ISBN: 978-93-6666-557-3
Title Code : Sathyaa - 136

நூல் தலைப்பு
இஸ்ரோ
நூல் ஆசிரியர்
ஜெகாதா
முதற்பதிப்பு
டிசம்பர் 2024
விலை : ₹ 175
பக்கம் : 142
Printed in India

Published by
Sathyaa Enterprises
No.134, First Floor,
Choolaimedu high road, Choolaimedu,
Chennai - 600 094.
044 - 4507 4203

Email
sathyaabooks@gmail.com

உள்ளே...

1.	இந்திய விண்வெளி ஆய்வு நிறுவனம்	6
2.	இளம் விஞ்ஞானி திட்டம்	15
3.	செயற்கைக்கோள் சாதனைகள்	19
4.	வயோமித்ரா	22
5.	இஸ்ரோ விண்வெளி நிலையம்	25
6.	இந்திய வெள்ளி சுற்றுகலன் திட்டம்	28
7.	வானியல் செயற்கைக்கோள்	29
8.	ஸ்ரீஹரிகோட்டா	31
9.	விண்வெளி ஆராய்ச்சியில் வலம் வரும் விஞ்ஞானிகள்	33
10.	இந்திய விண்வெளி ஆராய்ச்சி நிறுவனம் வரலாற்றுச் சுருக்கம்	38
11.	இஸ்ரோவும் செயற்கைக்கோளும்	43
12.	நிலவை நெருங்குகிறோம்	46
13.	தமிழக அரசு இஸ்ரோ விஞ்ஞானிகளை கௌரவித்தது	53

14.	இஸ்ரோவுக்கு விருது	56
15.	ஃபால்கன் 9 ராக்கெட் மூலம் நுண்ணுயிரிகள் அனுப்பப்பட்டது	58
16.	உலகளவில் சவால்களை வெற்றி கண்ட இஸ்ரோ	60
17.	கைலாசவடிவு சிவன்	69
18.	இன்சாட் எனும் இந்திய தேசிய செயற்கைக்கோள்	72
19.	சதீஷ் தவான் விண்வெளி ஆய்வு மையம்	75
20.	இந்திய விண்வெளித் திட்டத்தின் தந்தை விக்ரம் அம்பாலால் சாராபாய்	82
21.	வியப்பூட்டும் ககன்யான் விண்கலம்	84
22.	ஆதித்யா எல் 1	87
23.	மங்கள்யான்	91
24.	ஆளில்லா நிலாப் பயணக்கலம் சந்திரயான் - 1	100
25.	நிலாவை ஆய்வு செய்த இந்தியாவின் இரண்டாவது விண்கலம்	115
26.	இந்திய நிலாப் பயண சந்திரயான் -3 திட்டம்	119
27.	இஸ்ரோ சாதனைகளும், சாதித்தவர்களும்	123
28.	இந்தியாவின் விண்வெளிக் குப்பைகள்	139

इसरो isro

ISRO
INDIA

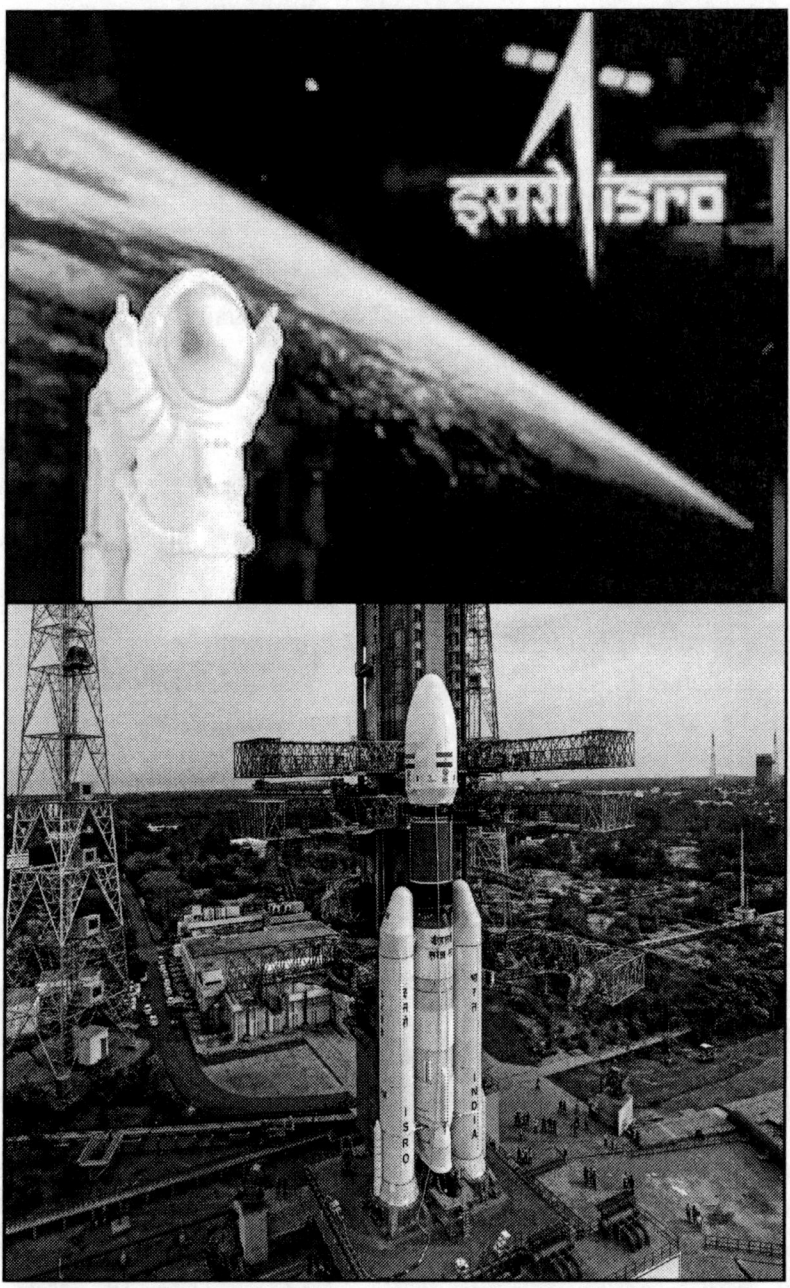

1. இந்திய விண்வெளி ஆய்வு நிறுவனம்

இந்திய விண்வெளி ஆய்வு நிறுவனம் (Indian Space Research Organization, ISRO, இஸ்ரோ) இந்திய அரசின் முதன்மையான தேசிய விண்வெளி முகமை ஆகும். பெங்களூரில் தலைமைப் பணியகம் கொண்ட இஸ்ரோ 1969 இல் உருவாக்கப்பட்டது. தற்போது 16,000 ஊழியர்கள் இஸ்ரோவில் பணியாற்றுகின்றனர். ஏறத்தாழ 41 பில்லியன் செலவில் செயலாற்றப்படுகிறது. இந்திய அரசின் விண்வெளித் துறையின் நேரடி மேற்பார்வையில் இயங்கும் இஸ்ரோவிற்கு சோம்நாத் தலைவராக உள்ளார்.

இஸ்ரோ உலகின் மிகப்பெரும் விண்வெளி ஆய்வு நிறுவனங்களில் ஆறாவதாக உள்ளது. இதன் முதன்மை நோக்கமாக விண்வெளித் தொழில்நுட்பத்தில் மேம்பாடுகளை ஆராய்வதும் அவற்றை நாட்டு நலனுக்காகப் பயன்படுத்துவதும் ஆகும். இஸ்ரோ தனது நிறுவனக் காலத்திலிருந்து தொடர்ந்து பல சாதனைகளைக் கண்டு வந்துள்ளது. 1975 ஆம் ஆண்டில் இந்தியாவின் முதல் செயற்கைக்கோள், ஆரிய பட்டா இஸ்ரோவால் அமைக்கப்பட்டு சோவியத் ஒன்றியத்தால் விண்ணேற்றப்பட்டது. 1980இல் இந்தியாவில் கட்டமைக்கப்பட்ட

ஏவுகலம் (எஸ். எல். வி-3) மூலமாக முதல் செயற்கைக்கோள், ரோகிணியை விண்ணேற்றியது. தொடர்ந்து செயற்கைக்கோள் களை முனையச் சுற்றுப்பாதைகளில் ஏவத்தக்க முனைய துணைக் கோள் ஏவுகலம் (PSLV) மற்றும் புவிநிலைச் சுற்றுப்பாதைகளில் ஏவத் தக்க ஜி.ஸ்.எல்.வி என்ற இரு ஏவுகலங்களை வடிவமைத்துக் காட்டியது. இந்த ஏவுகலங்கள் மூலம் பல தொலைதொடர்பு செயற்கைக்கோள்களையும் புவி கூர்நோக்கு செயற்கைக்கோள் களையும் இஸ்ரோ ஏவியுள்ளது. இதன் உச்சக்கட்டமாக 2008ஆம் ஆண்டில் நிலவை நோக்கிய இந்தியாவின் முதல் பயணமாக சந்திரயான்-1 ஏவப்பட்டது.

கடந்த ஆண்டுகளில் இஸ்ரோ இந்திய வாடிக்கையாளர்களுக்கு மட்டுமன்றி பிறநாட்டு வாடிக்கையாளர்களுக்கும் விண்வெளி/ செயற்கைக்கோள் தொடர்புடைய செயல்பாடுகளை ஆற்றி வருகிறது. தனது ஏவுகலங்களையும் ஏவுமிடங்களையும் தனது செயற்கைக்கோள் ஏவுதிறனுக்கு பயன்படுத்திக் கொண்டுள்ளது. புவியியைவு செயற்கைக்கோள் ஏவுகலத்தை (ஜி.எஸ்.எல்.வி) மேம்படுத்தி முழுமையும் இந்தியப் பொருட்களால் கட்டமைப் பதும் மனிதரியக்கு விண்வெளித் திட்டங்கள், மேலும் பல நிலவு புத்தாய்வுகள் மற்றும் கோளிடை ஆய்வுக்கருவிகள் செயல்படுத்து வதையும் எதிர்காலத் திட்டங்களாகக் கொண்டுள்ளது.

தனது பல்வேறு பணிகளுக்கும், ஆராய்ச்சிகளுக்கும் குவியப்படுத்திய மையங்களை நாடெங்கும் கொண்டுள்ளது. பன்னாட்டு விண்வெளிச் சமூகத்துடன் பல இருவழி மற்றும் பல்வழி உடன்பாடுகளைக் கண்டு கூட்டுறவாக செயல்படுகிறது.

இஸ்ரோவின் (இந்திய விண்வெளி ஆய்வு மையத்தின்) குறிக்கோ ளானது விண்வெளி தொழில்நுட்பங்களையும், அதன் பயன்பாடு களையும் உருவாக்குவதன் மூலம் நாட்டுக்கு தேவையான பணி களை நிறைவேற்றுதலாகும்.

இந்தியாவின் விண்வெளி ஆய்வின் வரலாறு 1920களில் கொல்கத்தா வில் அறிவியலார் சிசிர் குமார் மித்திராவின் செயல்பாடுகளில் துவங்கியதாகக் கொள்ளலாம்; மித்திரா தரையளாவிய வானொலி

அலைகள் மூலம் அயனி வெளியை ஆய்வு செய்யச் சோதனைகளை நிகழ்த்தினார். பின்னர், இந்திய அறிவியலாளர்கள் சி.வி. ராமன், மேக்நாத் சாகா போன்றோர் விண்வெளி அறிவியலுக்குப் பயனாகும் அறிவியல் கொள்கைகளை அளித்து வந்தனர்.

இருப்பினும் 1945ஆம் ஆண்டிற்குப் பின்னரே இத்துறையில் ஒருங்கிணைக்கப்பட்ட ஆராய்ச்சிகள் மேற்கொள்ளப்பட்டன. இத்தகைய அமைப்புசார் ஆய்வுகளுக்கு இரு இந்திய அறிவியலாளர்கள் வழி நடத்தினர். விக்கிரம் சாராபாய்-அகமதாபாத்தில் அமைந்துள்ள இயற்பியல் ஆராய்ச்சி ஆய்வகத்தை நிறுவியவர் மற்றும் ஹோமி ஜெஹாங்கீர் பாபா, 1945இல் டாட்டா அடிப்படை ஆராய்ச்சிக் கழகத்தை நிறுவன இயக்குனராகத் துவக்கியவர்.

விண்வெளித் துறையில் துவக்கத்தில் அண்டக் கதிரியக்கம், உயர் வெளி மற்றும் காற்றுவெளி சோதனைக் கருவிகள், கோலார் சுரங்கங்களில் துகள் சோதனைகள் மற்றும் உயர் வளிமண்டலம் போன்றவற்றில் சோதனைகள் நடத்தப்பட்டன. ஆராய்ச்சி ஆய்வகங்கள், பல்கலைக்கழகங்கள் மற்றும் தனியிடங்களில் நிகழ்ந்த ஆய்வுகள் ஒருங்கிணைக்கப்பட்டன.

1950இல் இந்திய அரசில் புதியதாக உருவாக்கப்பட்ட அணு ஆற்றல் துறைக்கு ஹோமி பாபா செயலாளராகப் பொறுப்பேற்ற பின்னரே இத்துறையில் ஆய்வுக்கு அரசு ஆதரவு கிட்டியது. அணுவாற்றல் துறை இந்தியாவெங்கும் விண்வெளி ஆராய்ச்சிக்கு நிதியுதவி வழங்கியது. 1823இல் கொலாபாவில் துவங்கப்பட்ட வானாய்வு நிலையத்தில் புவியின் காந்தப் புலம்குறித்து ஆயப்பட்டு வந்தது. வானிலையியலில் நடத்தப்பட்ட ஆய்வுகளில் மதிப்புமிக்க தகவல்கள் திரட்டப்பட்டன.

1954ஆம் ஆண்டில் உத்தரப்பிரதேச மாநில வானாய்வு மையம் நிறுவப்பட்டது. 1957ஆம் ஆண்டில் ஆந்திராவில் ஐதராபாத்தில் ஒஸ்மானியா பல்கலைக்கழகத்தில் ரங்கபூர் வானாய்வு மையம் நிறுவப்பட்டது. இந்த இரு மையங்களும் ஐக்கிய அமெரிக்காவின் தொழில்நுட்ப உதவி மற்றும் அறிவியல் கூட்டுறவுடன் இயங்கின.

விண்வெளித்துறை வளர்ச்சிக்குத் தொழில்நுட்ப ஆதரவாளராக விளங்கிய அந்நாள் இந்தியப் பிரதமர் ஜவஹர்லால் நேருவின் பங்கும் இருந்தது. 1957இல் சோவியத் ஒன்றியம் வெற்றிகரமாக இசுப்புட்னிக் 1ஐ விண்ணில் செலுத்தியதும் மற்ற நாட்டவரும் விண்வெளி ஆராய்ச்சிகள் நடத்த தூண்டுதலாக அமைந்தது.

1962ஆம் ஆண்டில் விக்கிரம் சாராபாய் தலைமையில் இந்திய தேசிய விண்வெளி ஆராய்ச்சிக்கானக் குழு (INCOSPAR) அமைக்கப் பட்டது. 1969ஆம் ஆண்டில் இக்குழுவிற்கு மாற்றாக இஸ்ரோ நிறுவப் பட்டது.

புவிசார் அரசியல் மற்றும் பொருளியல் காரணங்களுக்காக 1960 களிலும் 1970களிலும் தனது சொந்தமான ஏவுகலங்களைத் தயாரிக்க இந்தியா உந்தப்பட்டது. 1960-70 காலகட்டங்களில் முதல்நிலையாக ஆய்வு விறிசுகளை வெற்றிகரமாக இயக்கிய பிறகு 1980களில் துணைக்கோள் ஏவுகலங்களை வடிவமைத்துக் கட்டமைக்கும் திட்டங்கள் உருவாகின. இவற்றிற்கான முழுமையான இயக்கத்திற் கான ஆதரவு கட்டமைப்பும் உருவாக்கப்பட்டது.

எஸ்.எல்.வி3, மேம்பட்ட துணைக்கோள் ஏவுகலங்களை அடுத்து முனையத் துணைக்கோள் ஏவுகலம் (PSLV) மற்றும் புவியிணக்க துணைக்கோள் ஏவுகலம் (GSLV) தொழில்நுட்பங்களை மேம்படுத்தும் பணியில் ஈடுபட்டுள்ளது.

செயற்கைக்கோள் ஏவுகலம் (SLV)

இதன் ஆங்கிலச் சுருக்கமான எஸ்.எல்.வி அல்லது எஸ்.எல்.வி-3 என அறியப்படும் செயற்கைக்கோள் ஏவுகலம் ஓர் நான்கு கட்ட திட எரிபொருள் இலகு ஏவுகலம். 500கிமீ தொலைவு ஏறவும் 40 கிலோ ஏற்புச்சுமை கொண்டு செல்லவும் வடிவமைக்கப்பட்டது. முதல் ஏவல் 1979லும், அடுத்த ஆண்டு இருமுறையும், இறுதி ஏவல் 1983இலும் நிகழ்ந்தன. இந்த நான்கில் இரண்டே வெற்றிகரமாக அமைந்தன.

மேம்பட்ட செயற்கைக்கோள் ஏவுகலம் (ASLV)

இந்த ஏவுகலம் ஐந்து நிலை திட எரிபொருள் விறிசு ஆகும்; இதனால் 150 கிலோ செயற்கைக்கோளைத் தாழ் புவி சுற்றுப்பாதையில் ஏவ இயலும். இதன் வடிவமைப்பு எஸ்.எல்.வியை அடியொற்றி

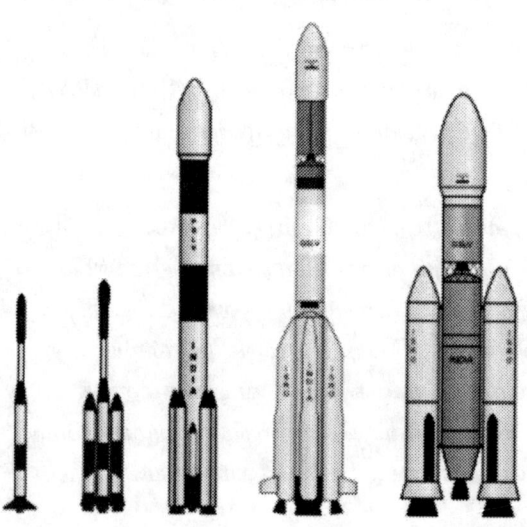

இருந்தது. முதல் ஏவல் 1987லும், 1988, 1992, 1994 களில் மூன்று ஏவல்களும் நிகழ்ந்தன; இரண்டு ஏவல்களே வெற்றி பெற்றன.

முனையத் துணைக்கோள் ஏவுகலம் (PSLV)

பி. எஸ்.எல்.வி என்ற ஆங்கிலச் சுருக்கத்தால் பரவலாக அறியப் படும் முனையத் துணைக்கோள் ஏவுகலம் இந்திய தொலை யுணர்வு துணைக்கோள்களை சூரிய இணைவு சுற்றுப்பாதைகளில் ஏவிட வடிவமைக்கப்பட்ட மீளப்பாவிக்க முடியாத (இழக்கத் தக்கதொரு) ஏவு அமைப்பாகும். இதற்கு முன்னர் இந்தச் செயற்கைக்கோள்கள் உருசியாவிலிருந்து விண்ணேற்றப்பட்டு வந்தன. இந்த ஏவுகலங ்களால் சிறு துணைக்கோள்களை புவிநிலை மாற்று சுற்றுப்பாதைக்கு ஏவ முடியும். இந்த ஏவுகலத்தால் 30 விண்கலங்கள் (14 இந்திய விண் கலங்களும், 16 வெளிநாட்டு விண்கலங்களும்) விண்ணேற்றப் பட்டுள்ளன.

ஏப்ரல் 2008இல் இது ஒரே ஏவலில் 10 துணைக்கோள்களை வெற்றி கரமாக விண்ணில் ஏற்றி அதுவரை இருந்த உருசிய சாதனையை முறியடித்தது.

ஜூலை 15, 2011 அன்று பி.எஸ்.எல்.வி தனது 18வது தொடர்ந்த ஏவல் பணியை வெற்றிகரமாகச் செய்து முடித்தது. இதன் 19 ஏவல்களில் செப்டம்பர் 1993 முதல் பயணம் மட்டுமே தோல்வியில் முடிந்தது.

புவியிணக்க துணைக்கோள் ஏவுகலம் (GSLV)

ஜி.எஸ்.எல்.வி ஒரு டெல்டா-II வகை செயற்கைக்கோள் ஏவுகலம். இது ஒரு மீளப்பாவிக்க இயலாத அமைப்பு (இழக்கத்தக்கதொரு ஏவு அமைப்பு). இந்தத் திட்டம் இன்சாட் வகை செயற்கைக்கோள் களைப் புவிநிலை சுற்றுப்பாதையில் செலுத்திடவும், வெளிநாட்டு விறிசுகளை நாடவேண்டிய தேவையைக் குறைக்கவும் செயல் படுத்தப்பட்டது. இதனால் 5 டன் எடையுள்ள ஏற்புச்சுமையை தாழ் புவி சுற்றுப்பாதையில் இட முடியும்.

இத்திட்டத்திற்கு ஒரு பின்னடைவாக டிசம்பர் 25, 2010இல் ஜிசாட்-5பி சுமந்தவண்ணம் சென்ற ஜி.எஸ்.எல்.வி கட்டுப்பாட்டு அமைப்பு

தவறியதால் முன்னரே திட்டமிட்டபடி பாதுகாப்பாகத் தானே வெடித்துச் சிதறியது.

புவியிணக்க துணைக்கோள் ஏவுகலம் மார்க்-III (GSLV III)

புவியிணக்க துணைக்கோள் ஏவுகலம் மார்க்-III மூன்று நிலைகள் கொண்ட விண்வெளிக்கலன் ஆகும். இதன் மூலம் மிகு எடையுள்ள செயற்கைக்கோள்களைப் புவிநிலை சுற்றுப்பாதையில் செலுத்திட திட்டமிடப்பட்டுள்ளது. இது ஜி.எஸ்.எல்.விக்கு அடுத்தத் தலை முறையாக இருப்பினும் இதன் வடிவமைப்பை அதனை ஒட்டி இருக்கவில்லை. இதன் முதல் ஏவுதல் 2012ஆம் ஆண்டில் வெற்றி பெற்று, மேலும் இரு முறை இயக்கப்பட்டுள்ளது.

தற்போது இது பயன்பாட்டு நிலையை அடைந்துள்ளது. இந்தியா வின் மனித விண்வெளி திட்டத்திற்கு இந்த விண்கலனையே பயன்படுத்த திட்டமிட்டுள்ளார்.

மறுபயன்பாட்டு ஏவுகலம்

விண்வெளிச் செலுத்துவாகனச் செலவுகளைக் குறைக்கும் பொருட்டு மறுபயன்பாட்டிற்கு உதவும் செலுத்துகலன்களை (Reusable Launch Vehicle) வடிவமைக்கும் பணியில் இஸ்ரோ ஈடுபட்டுள்ளது. இதற்கான முதற்சோதனை 2015 ஆம் ஆண்டு இரண்டாம் காலாண்டில் நடைபெறும் என அறிவிக்கப்பட்டது.

இந்தியாவின் முதல் செயற்கைக்கோள் ஆரியபட்டா சோவியத் ஒன்றியத்தால் ஏப்ரல் 19, 1975 அன்று விண்ணில் ஏவப்பட்டது. இதனைத் தொடர்ந்து ரோகினி வகை செயற்கைக்கோள்களை இந்தியாவிலேயே தயாரித்து ஏவுதலும் நிகழ்ந்தது. தற்போது இஃச்ரோ பல்வகையான புவி கூர்நோக்கு செயற்கைக்கோள்களை இயக்கி வருகிறது.

இன்சாட் என்று பரவலாக அறியப்படும் இந்திய தேசிய செயற்கைக் கோள் தொகுதி திட்டம் பல்நோக்கு புவிநிலை செயற்கைக்கோள் களின் தொடராகும். இது தொலைத்தொடர்பு, ஒலி/ஒளி பரப்பு, வானிலையியல் மற்றும் தேடிக் காப்பாற்று (search-and-rescue)

தேவைகளுக்காகத் திட்டமிடப்பபட்டது. 1983ஆம் ஆண்டில் துவங்கப்பட்ட இந்தத் திட்டம் ஆசியா-பசிபிக் வலயத்திலேயே மிகப்பெரும் உள்நாட்டு செய்மதி தொலைதொடர்பு அமைப்பாக விளங்குகிறது. இதனை ஓர் கூட்டு முயற்சியாக இந்திய அரசின் விண்வெளித் துறை, தொலைத்தொடர்புத் துறை, இந்திய வானிலை யியல் துறைகளும் அனைத்திந்திய வானொலி, தூர்தர்சன் நிறுவனங் களும் இயக்குகின்றன; இவற்றை ஒருங்கிணைக்க நடுவண் அரசுச் செயலர்கள் நிலையில் இன்சாட் ஒருங்கிணைப்பு குழு அமைக்கப் பட்டுள்ளது.

இந்திய தொலை உணர்வுச் செயற்கைக்கோள்கள் (IRS) இஸ்ரோவி னால் வடிவமைக்கப்பட்டு, கட்டப்பட்டு, ஏவப்பட்டு, இயக்கப் படும் புவி கூர்நோக்கு செயற்கைக்கோள் தொடராகும். இவற்றால் நாட்டிற்கு தொலை உணர்வுச் சேவைகள் கிட்டுகின்றன. உலகிலேயே குடிசார் பயன்பாட்டிற்காக இயக்கப்படும் மிகப்பெரிய தொலையுணர்வு துணைக்கோள்த் தொகுதியாக விளங்குகிறது.

துவக்கத்தில் இவை 1 (A,B,C,D) எனப் பெயரிடப்பட்டிருந்தாலும் அண்மைக் காலத்தில் இவற்றின் பயன்பாடுகளை ஒட்டி (ஓசியன் சாட், கார்ட்டோசாட், ரிசோர்சுசாட்) பெயரிடப்படுகின்றன.

இசுரோ தற்போது இரண்டு ஒற்றுக் கோள்கள் என விளையாட்டாக அழைக்கப்படும் கதிரலைக் கும்பா படிம செயற்கைக்கோள்களை இயக்குகிறது. ஏப்ரல் 26, 2012 அன்று ஸ்ரீஹரிகோட்டாவிலிருந்து ஏவப்பட்ட பி.எஸ்.எல்.வி மூலமாக ரிசாட்-1 (RISAT-1) விண்ணேற்றப்பட்டது. இது சி-அலைக்கற்றையில் இயங்கும் சின்தெடிக் அபெர்சர் ரேடார் ஏற்புச்சுமையைக் கொண்டுள்ளது. இதன் மூலம் துல்லியமான மிகு இடப் பிரிதிறன் கொண்ட படிமங் களைப் பெற இயலும். இதற்கு முன்னரே 2009இல் இஸ்ரேலிட மிருந்து $110 மில்லியன் செலவில் பெறப்பட்டு ஏவப்பட்ட ரிசாட்-2 வையும் இயக்குகிறது.

இவற்றைத் தவிர இஸ்ரோ சில புவிநிலை செயற்கைக்கோள்களைச் சோதனையோட்டமாக ஏவியுள்ளது. இவை ஜிசாட் தொடர் என்று அழைக்கப்படுகின்றன. வானிலைக்காக மட்டுமே பயன்படுமாறு

முதல் வானிலை செயற்கைக்கோளை (கல்பனா-1) முனையத் துணைக்கோள் ஏவுகலம் மூலமாகச் செப்டம்பர் 12, 2002இல் விண்ணேற்றியது.

புவியின் சுற்றுப்பாதையைத் தாண்டி இந்தியாவின் முதல் தேடலாக சந்திரயான்-1 அமைந்தது. நிலாடுநிலவுக்கான விண்கலமான இது நவம்பர் 8, 2008 அன்று நிலவின் சுற்றுப்பாதையில் நுழைந்தது. இதனைத் தொடர்ந்து சந்திரயான்-2 ஏவவும் செவ்வாய் கோளிற்கு ஆளில்லா கலங்களை இயக்கவும் புவி அண்மித்த விண்கற்கள் மற்றும் வால் வெள்ளிகளை துழாவும் ஆய்வுக்கலங்களை செலுத்த வும் திட்டமிட்டுள்ளது.

இந்திய விண்வெளி ஆய்வு மையத்தின் தலைமையகம் பெங்களூரில் உள்ள அந்தரிக்ஷ் பவனில் (இந்தி: அந்தரிக்ஷ் = விண்வெளி, பவன் = மாளிகை) இயங்குகிறது.

❖

2. இளம் விஞ்ஞானி திட்டம்

இந்திய விண்வெளி ஆராய்ச்சி நிறுவனம், விண்வெளி அறிவியல் மற்றும் வளர்ந்து வரும் இளம் மாணவர்களுக்கு விண்வெளி தொழில்நுட்பம், விண்வெளி அறிவியல் மற்றும் விண்வெளி பயன்பாடுகள் குறித்த அடிப்படை அறிவை வழங்குவதற்காக பள்ளி மாணவர்களுக்காக 'இளம் விஞ்ஞானி திட்டம்', 'யுவ விஞ்ஞானி கார்யக்ரம்', 'யுவிகா' என்ற சிறப்பு திட்டத்தை ஏற்பாடு செய்துள்ளது. நமது தேசத்தின் எதிர்கால கட்டுமானத் தொகுதிகளான இளைஞர்களிடையே இஸ்ரோ இந்தத் திட்டத்தை 'இளைஞர்களாகப் பிடிக்க' திட்டமிட்டுள்ளது.

குழந்தைகள் மற்றும் இளைஞர்கள் விண்வெளி மற்றும் பிரபஞ்சத்தின் மீது மோகம் கொண்டுள்ளனர். அவர்கள் மிகவும் ஆர்வமுள்ள வர்கள் மற்றும் அனைத்து வான நிகழ்வுகள் பற்றி அனைத்தையும் தெரிந்து கொள்ள விரும்புகிறார்கள். இளம் மனங்களின் இந்த தீவிர ஆர்வத்தை நிவர்த்தி செய்ய, இந்திய விண்வெளி ஆராய்ச்சி நிறுவனம் (இஸ்ரோ) பள்ளி மாணவர்களுக்காக 'இளம் விஞ்ஞானி திட்டம்', 'யுவ விஞ்ஞானி கார்யக்ரம்' (YUVIKA) என்ற சிறப்பு

திட்டத்தை ஏற்பாடு செய்கிறது. இந்த முயற்சியின் முக்கிய நோக்கம் அடிப்படை அறிவை வழங்குவதாகும். விண்வெளி அறிவியல் மற்றும் தொழில்நுட்பத்தில் வளர்ந்து வரும் இளைய மாணவர்களுக்கு விண்வெளி அறிவியல், விண்வெளி பயன்பாடுகள் 'இளைஞர்களைப் பிடிக்கவும்' என்பதை நாம் அனைவரும் அறிவோம் மற்றும் தொழில்நுட்பம் அவர்களுக்கு வாய்ப்பு கிடைத்தால், அவர்கள் நமது தேசத்தின் எதிர்கால கட்டுமானத் தொகுதிகள்.

யுவிகா திட்டம் அறிவியல், தொழில்நுட்பம், பொறியியல் மற்றும் கணிதம் (STEM) சார்ந்த ஆராய்ச்சி மற்றும் சீரமைக்கப்பட்ட தொழிலைத் தொடர அதிக மாணவர்களை ஊக்குவிக்கும் என்றும் எதிர்பார்க்கப்படுகிறது.

இளம் விஞ்ஞானி திட்டம் YUVIKA நாட்டின் கிராமப்புறங்களுக்கு முன்னுரிமை அளிக்கும் இளைய மாணவர்களுக்கு விண்வெளி அறிவியல், விண்வெளி தொழில்நுட்பம் மற்றும் விண்வெளி பயன்பாடுகள் பற்றிய அடிப்படை அறிவை வழங்குவதற்காக உருவாக்கப்பட்டது. பள்ளி செல்லும் மாணவர்களிடையே அறிவியல் மற்றும் தொழில்நுட்பத்தில் வளர்ந்து வரும் போக்குகள் குறித்த விழிப்புணர்வை ஏற்படுத்துவதே இத்திட்டத்தின் நோக்கமாகும். இரண்டு வார வகுப்பு அறை பயிற்சி, சோதனைகளின் நடைமுறை செயல் விளக்கம், CANSAT, Robotic Kit, ISRO விஞ்ஞானிகளுடன் மாதிரி ராக்கெட்டரி தொடர்புகள் மற்றும் களப்பயணங்கள் ஆகியவை இத்திட்டத்தில் திட்டமிடப்பட்டுள்ளது.

இத்திட்டம் 2019, 2022 மற்றும் 2023 ஆம் ஆண்டுகளில் முறையே 111, 153 மற்றும் 337 மாணவர்களின் பங்கேற்புடன், இந்தியாவின் ஒவ்வொரு மாநிலம் மற்றும் யூனியன் பிரதேசத்தைப் பிரதிநிதித்துவப்படுத்தி வெற்றிகரமாக நடத்தப்பட்டது. மாணவர்கள் புவியியல் இருப்பிடத்தின் அடிப்படையில் ஐந்து தொகுதிகளாகப் பிரிக்கப்பட்டு, VSSC, URSC, SAC, NRSC, NESAC, SDSC SHAR & IIRS ஆகியவற்றில் பயிற்சி அளிக்கப்பட்டது.

இந்தியாவின் அனைத்து மூலைகளிலிருந்தும் 1.25 லட்சத்திற்கும் அதிகமான மாணவர்கள் யுவிகா - 2023 இல் பதிவு செய்திருந்ததால்,

இஸ்ரோ யுவிகா 2023க்கு அமோக வரவேற்பைப் பெற்றது. அனைத்து மாநிலங்கள் மற்றும் யூனியன் பிரதேசங்களில் இருந்து மாணவர்கள் கடந்த தேர்வில் பெற்ற மதிப்பெண்கள், இணை பாடத்திட்டம் மற்றும் பாடநெறிக்கு அப்பாற்பட்ட செயல்பாடுகள் ஆகியவற்றின் அடிப்படையில் தேர்ந்தெடுக்கப்படுகிறார்கள்.

வகுப்பு அறை விரிவுரைகள், ரோபாட்டிக்ஸ் சவால், ராக்கெட்/ செயற்கைக்கோளின் DIY அசெம்பிளி, வானத்தைப் பார்ப்பது போன்ற செயல்பாடுகள், தொழில்நுட்ப வசதி வருகைகள் மற்றும் விண்வெளி விஞ்ஞானிகளுடனான தொடர்பு ஆகியவை பாட நெறியில் அடங்கும்.

ISRO-ஆதரவு இளம் விஞ்ஞானிகள் திட்டம் YUVIKA-2023 மே 26, 2023 அன்று வெற்றிகரமாக முடிவடைந்தது. உயர்நிலைப் பள்ளி மாணவர்களுக்கான இரண்டு வாரக் குடியிருப்புத் திட்டமாகும். அனைத்து 28 மாநிலங்கள் மற்றும் 8 யூனியன் பிரதேசங்களில் இருந்து சுமார் 337 மாணவர்கள் மே 15 - 26, 2023 வரை ஏழு ISRO / DoS மையங்களில் பயிற்சி பெற்றனர். VSSC, திருவனந்தபுரம், SAC, அகமதாபாத், URSC, பெங்களூரு, SDSC-SHAR, ஸ்ரீஹரிகோட்டா,

NRSC, ஹைதராபாத், IIRS, டேராடூன் மற்றும் NE-SAC ஷில்லாங். மாணவர்களுக்கு வகுப்பறை விரிவுரைகள், மாதிரி ராக்கெட்டிரி, வானத்தைப் பார்த்தல், ரோபோடிக் குறியீட்டு முறை/ பரிசோதனைகள், CANSAT சோதனைகள், ட்ரோன் செயல் விளக்கம், DIY கருவிகள் அசெம்பிளி, வசதி வருகைகள் மற்றும் பிரபல விஞ்ஞானிகளுடன் கலந்துரையாடல் போன்ற பயிற்சிகள் மூலம் விண்வெளி அறிவியல், தொழில்நுட்பம் மற்றும் பயன் பாடுகள் பற்றிய வெளிப்பாடுகள் வழங்கப்பட்டன.

யோகா மற்றும் தியானம், விளையாட்டு, கலாச்சார நடவடிக்கைகள் மற்றும் உள்ளூர் பார்வை சுற்றுப்பயணங்கள் போன்ற பாடநெறிக்கு புறம்பான செயல்பாடுகளும் குடியிருப்பு திட்டத்தின் ஒரு பகுதியாக ஏற்பாடு செய்யப்பட்டன.

விழா நாளில், ஸ்ரீ எஸ். சோமநாத், தலைவர் ISRO / செயலாளர் DoS மற்றும் இஸ்ரோவின் மைய இயக்குநர்கள் மாணவர்களுடன் உரையாடி, பல புதுமையான மற்றும் உள்ளுணர்வு கேள்விகளுக்கு தெளிவுபடுத்தினர். இஸ்ரோ தலைவர், பங்கேற்பாளர்கள் தங்கள் பிராந்தியத்தில் இஸ்ரோவின் பிராண்ட் அம்பாசிடர்களாக மாறி, அறிவியல் கல்வியை ஊக்குவிக்கவும், நாட்டின் எதிர்கால அறிவியல் வளர்ச்சியின் தூண்களாக மாறவும் வலியுறுத்தினார்.

❖

3. செயற்கைக்கோள் சாதனைகள்

இந்தியா முதன் முதலில் பத்து செயற்கைக்கோள்களை ஒரே ராக்கெட்டில் செலுத்தியது. L-9 என்ற ராக்கெட் மூலம் பி.எஸ்.எல்.வி பல செயற்கைக்கோள்களை வெற்றிகரமாக 2008-ஆம் ஆண்டு ஏப்ரல் 28-ஆம் தேதி விண்ணில் செலுத்தியது. இதில் இரண்டு இந்தியாவுடையது, மீதி இதர நாடுகளுடையது. ரஷ்யாவுக்குப்பின் பத்திற்கும் மேற்பட்டச் செயற்கைக்கோள்களை ஒரே நேரத்தில் விண்ணுக்கு செலுத்திய உலகின் இரண்டாவது நாடு இந்தியா.

இந்தியாவின் முதல் வானிலை ஆராய்ச்சி நிலையம் பம்பாயில் நிறுவப்பட்டது. இந்தியாவில் முதல் வெற்றிகரமான கிரையோஜினிக் ராக்கெட் என்ஜின் பரிசோதனை, திருநெல்வேலி மாவட்டம் மகேந்திரகிரியில் 2006-ஆம் ஆண்டு அக்டோபர் 28-ஆம் தேதி நடைபெற்றது.

- இந்தியாவில் முதல் ராக்கெட் அமெரிக்காவில் தயாரிக்கப் பட்ட 'நைக் அப்பாச்சி' என்ற ஏழு மீட்டர் உயரமும் 715 கிலோ எடையும் கொண்ட ராக்கெட் தும்பாவிலிருந்து செலுத்தப் பட்டது.

- இந்தியாவில் தயாரிக்கப்பட்ட முதல் ராக்கெட் ரோகிணி-75 தும்பாவிலிருந்து 1967-ஆம் ஆண்டு நவம்பர் 20-ஆம் தேதி செலுத்தப் பட்டது. இது 6.9 கிலோ எடையும் மூன்று இன்ச் குறுக்களவும் கொண்டது.

- இந்தியாவின் முதல் செயற்கைக்கோள் ஆர்யபட்டா சோவியத் யூனியனிலிருந்து 1975-ஆம் ஆண்டு ஏப்ரல் 19-ஆம் தேதி ஏவப் பட்டது.

- இந்தியாவின் முதல் செய்தித் தொடர்பு செயற்கைக்கோள் ஆப்பிள் 1981-ஆம் ஆண்டு ஜுன் 19-ஆம் தேதி பிரெஞ்சு கயானாவில் இருந்து செலுத்தப்பட்டது.

- 1988-ஆம் ஆண்டு மார்ச் 17-ஆம் தேதி ஏவப்பட்டது. இந்தியாவின் முதல் தொலைதூரச் செயற்கைக்கோள் பெயர்: இன்சாட் 1 ஏ ஆகும்.

- இந்தியாவின் முதல் முழு காலநிலை ஆய்வு செயற்கைக்கோள் மெட்ஸாட் (கல்பனா -1) ஸ்ரீஹரி கோட்டாவிலிருந்து 19 செப்டம்பர் 2002-இல் செலுத்தப்பட்டது.
- கல்விக்காக மட்டும் செலுத்தப்பட்ட இந்தியாவின் முதல் செயற்கைக்கோள் எஜுஸாட் 2004 செப்டம்பர் 20-ஆம் தேதி செலுத்தப்பட்டது.
- கடல் ஆய்வுக்காக மட்டுமே செலுத்தப்பட்ட இந்தியாவின் முதல் செயற்கைக் கோள் ஓஷன் ஸாட் 1 (ஐ.ஆர்.எஸ்.பி.4) பி.எஸ்.எல்.வி 2 ராக்கெட் மூலம் 1050 கிலோ கிராம் எடையுள்ள ஓடின் ஸாட் தரையிலிருந்து 720 கி.மீ உயரச் சுற்றுப் பாதையில் 1999 மே 26-ஆம் தேதி செலுத்தப்பட்டது.

ஏற்கெனவே செலுத்தப்பட்ட செயற்கைக்கோளைத் திரும்பப் பெறும் முயற்சியில் இந்தியாவின் முதல் சோதனை ஸ்ரீஹரிகோட்டா விலிருந்து 2007 ஜனவரி 10-இல் அனுப்பப்பட்ட எஸ்.ஆர்.ஈ 1 என்ற மீள் பயன்பாட்டு விண்வெளிப் பேழை ஜனவரி 22-இல் மீண்டும் பூமிக்கு கொண்டு வரப்பட்டது.

பாரசூட்டின் உதவியோடு 550 கிலோ எடையுள்ள அந்தப் பேழை வங்காள விரிகுடாவில் விழுந்தது. நீரில் மூழ்கி விடாமல் மிதந்து கிடப்பதற்கான 'ப்ளோடேஷன்' என்ற வசதி அதில் இருந்தது. மணிக்கு 29 ஆயிரம் கி.மீ வேகத்தில் பூமியின் வாயு மண்டலத்தில் நுழையும் போது எரிந்து போகாமல் தடுத்து கீழே விழச் செய்வது தான் இதிலுள்ள சவால்.

❖

22 | இஸ்ரோ (ISRO)

4. வயோமித்ரா

வயோமித்ரா (Vyommitra) இந்திய விண்வெளி ஆராய்ச்சி நிறுவனத்தால் உருவாக்கப்பட்டுள்ள ஒரு பெண் தோற்றமுள்ள இயந்திர மனிதனாகும். விண்வெளிப் பயணத்திற்காக இந்த இயந்திர மனிதன் உருவாக்கப்பட்டுள்ளது. இந்திய விண்கலத்தின் மூலம் பூமியின் தாழ் வட்டப்பாதைக்கு மனிதர்களை அனுப்பி, அவர்களை பாதுகாப்பாக மீண்டும் பூமிக்கு அழைத்து வருவதை நோக்கமாகக் கொண்ட ககன்யான் திட்டத்திற்காக இது உருவாக்கப்பட்டது.

வயோமித்ரா இயந்திர மனிதன் முதன்முதலில் 2020 ஆம் ஆண்டு ஜனவரி மாதம் 22 அன்று பெங்களூருவில் நடந்த மனித விண்வெளிப் பயணம் மற்றும் ஆய்வு குறித்தான கருத்தரங்கில் வெளியிடப்பட்டது.

வயோமித்ராவை விண்வெளிக்கு அனுப்ப இசுரோ திட்டமிட்டுள்ளது. விண்வெளிப் பயணங்களில் வயோமித்ரா இந்திய விண்வெளி வீரர்களுடன் சேர்ந்து பயணிக்கும். மனிதர்களை விண்வெளிக்கு அனுப்புவதற்கு முன்பாக ககன்யான் பயணங்களின்

ஒரு பகுதியாக ஆளில்லா விண்வெளிப் பயணங்களுக்கு ஒரு விஞ்ஞானியைப் போல வயோமித்ரா சென்று வரும்.

மனித விண்வெளிப் பயணத்தை மேற்கொண்ட பிற நாடு களைப் போலல்லாமல், சோதனைப் விண்வெளிப் பயணங்களில் விலங்குகளைப் பறக்கவிடாமல் இயந்திர மனிதனை விண்வெளிக்கு அனுப்புவதை இஸ்ரோ நோக்கமாகக் கொண்டுள்ளது. இதனால் விண்வெளியில் நீண்ட கால இடைவெளியில் மனித உடலுக்கு எடையற்ற தன்மையும், கதிர்வீச்சும் என்ன விளைவுகளை உண்டாக்குகிறது என்பதைப் புரிந்து கொள்வதற்கு வயோமித்ரா போன்ற இயந்திர மனிதர்கள் உதவியாக இருப்பார்கள் என இஸ்ரோ கருதுகிறது.

ஆளில்லா விண்கலத்தில் செல்லும் வயோமித்ரா நுண் புவியீர்ப்பு சோதனைகளை மேற்கொண்டு மனிதர்களை விண்வெளிக்கு அனுப்பும் ககன்யான் திட்டத்தின் போது வயோமித்ரா இத்தகைய நுண்ணீர்ப்பு சக்தி சூழல்களில் மனிதர்களுக்கு ஆதரவளிக்கும் என்று எதிர்பார்க்கப்படுகிறது.

இந்தி மற்றும் ஆங்கில மொழிகளில் பேசுவதற்கும் பல வேறு பட்ட பணிகளைச் செய்வதற்காகவும் இந்த வயோமித்ரா வடிவமைக்கப்பட்டுள்ளது. மனித செயல்பாட்டை வயோமித்ரா பிரதிபலிக்கும்.

பிற மனிதர்களை அடையாளம் கண்டு கொள்ளும். அவர்களின் கேள்விகளுக்கு பதிலளிக்கும். தொழில்நுட்ப ரீதியாக சுற்றுச்சூழல் கட்டுப்பாடு மற்றும் உயிர் வாழ்க்கைக்கான ஆதரவு அமைப்பு களின் செயல்பாடுகளைச் செய்யும். மின் இணைப்பு பலகைகளின் செயல்பாடுகளைக் கையாளும். சுற்றுச்சூழல் காற்று அழுத்த மாற்ற எச்சரிக்கைகளையும் வழங்கும்.

❖

5. இசுரோ விண்வெளி நிலையம்

இஸ்ரோ விண்வெளி நிலையம் (ISS) என்பது இந்தியா கட்டப் பட்டு இந்திய விண்வெளி ஆராய்ச்சி நிறுவனத்தால் இயக்கப்படும் ஒரு திட்டமிடப்பட்ட விண்வெளி நிலையமாகும். விண்வெளி நிலையம் 20 டன் எடையுடன் புவியிலிருந்து சுமார் 400 கிலோ மீட்டர் தொலைவு வட்டணையில் இயங்கும். அங்கு விண்வெளி வீரர்கள் 15 முதல் 20 நாட்கள் தங்க முடியும்.

முதலில் இது 2030 இல் தொடங்க திட்டமிடப்பட்டது. ககன்யான் குழு விண்வெளிப் பயணப் பணி, கோவிட் - 19 தொற்றுநோய் தொடர்பான தொழில்நுட்பச் சிக்கல்கள் காரணமாக இது 2035க்கு ஒத்தி வைக்கப்பட்டது.

2019 ஆம் ஆண்டில் இந்திய விண்வெளி ஆராய்ச்சி அமைப்பின் (இஸ்ரோ) தலைவர் கே.சிவன், முன்மொழியப்பட்ட விண்வெளி நிலையத்தின் அம்சங்களை முதன்முறையாக முன்வைத்தார். விண்வெளி நிலையம் 20 டன் வரை எடையுள்ளதாகக் கூறினார்.

மூன்று ஆண்டுகளுக்குப் பிறகு சிவனின் புத்தாண்டு உரையில், இந்தியாவின் முதல் குழு விண்வெளிப் பயணத் திட்டம் ககன்யான்

வடிவமைப்பு கட்டத்தை முடித்து சோதனைக் கட்டத்திற்குள் நுழைந்துள்ளது என்று அவர் கூறினார்.

இந்திய மனித விண்வெளிப் பயணத் திட்டம் (ஐ.எச்.எஸ்.பி.) என்பது இந்திய விண்வெளி ஆராய்ச்சி நிறுவனத்தின் (ஐ.எஸ்.ஆர்.ஓ) ஒரு தொடர்ச்சியான திட்டமாகும், இது குழுவினரின் விண்கலத்தை தாழ்புவி வட்டணையில் செலுத்தத் தேவையான தொழில்நுட்பத்தை உருவாக்கும்.

மனிதர்கள் இல்லாத ககன்யான் -1 , ககன்யான் -2 விண்கலங்கள் 2024 ஆம் ஆண்டில் விண்ணில் ஏவத் திட்டமிடப்பட்டுள்ளது. அதைத் தொடர்ந்து 2025 ஆம் ஆண்டில் எல்விஎம் 3 ஏவூர்தியில் குழுவுள்ள விண்கலம் செலுத்தப்படும்.

ஆகஸ்ட், 2018 இலான ககன்யான் பணி அறிவிப்புக்கு முன்னர், மனித விண்வெளிப் பயணம் இஸ்ரோவுக்கு முன்னுரிமையாக இல்லை. ஆனால் அது 2007 முதலே இது தொடர்புடைய தொழில் நுட்பங்களில் பணியாற்றி வந்தது.

மேலும் இது ஒரு குழுப் பெட்டகம் வளிமண்டல மறுநுழைவு செய்முறை, இந்தத் திட்டப்பணிக்கான ஏவுதளச் சாதனைச் சோதனையை நிகழ்த்தியது.

2018 டிசம்பரில், இரண்டு விண்வெளி வீரர்களைக் கொண்ட 7 நாள் குழு விண்கலத்திற்கு இந்திய அரசு மேலும் 100 பில்லியன் உருபாக்களை (1.5 பில்லியன் அமெரிக்க டாலர்களை) வழங்க ஒப்புதல் அளித்தது.

இந்த திட்டம் வெற்றிகரமாக நிறைவடைந்தால், சோவியத் யூனியன், அமெரிக்கா மற்றும் சீனாவுக்கு அடுத்தபடியாக விண்வெளிக்குச் செல்லும் நான்காவது நாடு என்ற பெருமையை இந்தியா பெறும்.

முதல் குழுவினரின் விண்வெளி விண்கலங்களை நடத்திய பிறகு, நிறுவனம் ஒரு விண்வெளி நிலையத் திட்டத்தைத் தொடங்க விரும்புகிறது. குழு நிலா தரையிறக்கம், நாளடைவில் குழு கோள் இடையிலான பயணங்கள் ஆகியன திட்டமிடப்பட்டுள்ளன.

6. இந்திய வெள்ளி சுற்றுகலன் திட்டம்

இந்திய வெள்ளி சுற்றுகலன் திட்டம் என்பது இந்திய விண்வெளி ஆய்வு மையத்தினால் வெள்ளிக் கோளின் சுற்று வட்டப்பாதையை ஆய்வு செய்வதற்காக ஏற்படுத்தப்பட்ட ஒரு திட்டம் ஆகும். இதற்குப் போதுமான நிதியுதவி கிடைத்தால் 2020 ஆம் ஆண்டிற்குப் பிறகு இது விண்ணில் ஏவப்படும்.

வெள்ளி (கோளினைச்) சுற்றியுள்ள தொடக்க நீள்வட்டப் பாதை யின் சுற்றுப்பாதையானது 500 கிலோமீட்டர் அண்மை வட்டணைப் புள்ளிகளையும், 60,000 கிலோமீட்டர் கவர்ச்சி மையச் சேவையை யும் கொண்டுள்ளது.

சந்திராயன் மற்றும் செவ்வாய் சுற்றுகலன் திட்டம் போன்றவற்றின் வெற்றியானது செவ்வாய் மற்றும் வெள்ளி (கோள்) போன்ற கோள் களில் எதிர்கால விண்வெளி பயணங்கள் பற்றிய சாத்தியக்கூறுகளை இந்திய விண்வெளி ஆய்வு மையம் ஆய்வு செய்து வருகிறது.

இந்திய அரசின் 2017 - 2018 ஆம் ஆண்டிற்கான நிதியறிக்கையில் வானியல் துறைக்கான நிதி ஒதுக்கீடானது 23 விழுக்காடு அதிகரிக்கப் பட்டுள்ளதாக இந்தியாவின் நிதியமைச்சர் அருண் ஜெட்லி தெரிவித்தார்.

7. வானியல் செயற்கைக்கோள்

வானியல் செயற்கைக்கோள் அல்லது அசுட்ரோசாட் (ASTROSAT) என்பது இந்தியாவின் இந்திய விண்வெளி ஆய்வு மையத்தால் (இ.எஸ்.ஆர்.ஓ) 28 செப்டம்பர் 2015 அன்று செலுத்தப் பட்ட வானியல் செயற்கைக்கோளாகும். இச்செயற்கைக்கோள் முனைய துணைக்கோள் ஏவுகலம் (பி.எஸ்.எல்.வி) ஏவூர்தி மூலம் செலுத்தப்பட்டது.

இத்திட்டத்தின் முக்கிய நோக்கங்கள் :

- விண்வெளியைத் துழாவி ஆராய்தல்
- பல் அலைநீளமுடைய ஒளிக்கதிர்களை உள்வாங்கி ஆராய்தல்
- விண்வெளியிலிருந்து வரும் குறுகியகால எக்ஸ் கதிர்களை ஆராய்தல்
- அண்டங்களில் இருந்து வெளிவரும் எக்ஸ் கதிர்களை ஆராய்தல்
- ஒழுங்கற்ற காலவெளியில் வரும் எக்ஸ் கதிர்களை ஆராய்தல்

ஸ்ரீஹரிகோட்டாவிலுள்ள சதீஷ் தவான் விண்வெளி மையத்திலிருந்து முனைய துணைக்கோள் ஏவுகலம் (பி.எஸ்.எல்.வி-சி30) ஏவுகலம் மூலம் இந்தச் செயற்கைக்கோள் செப்டம்பர் 28, 2015 அன்று காலை 10 மணிக்கு ஏவப்பட்டது.

ஏவுகலம் ஏவப்பட்ட 25 நிமிடங்களில் அசுட்ரோசாட் உள்ளிட்ட 7 செயற்கைக்கோள்களும் திட்டமிட்ட பாதைகளில் விடப்பட்டன.

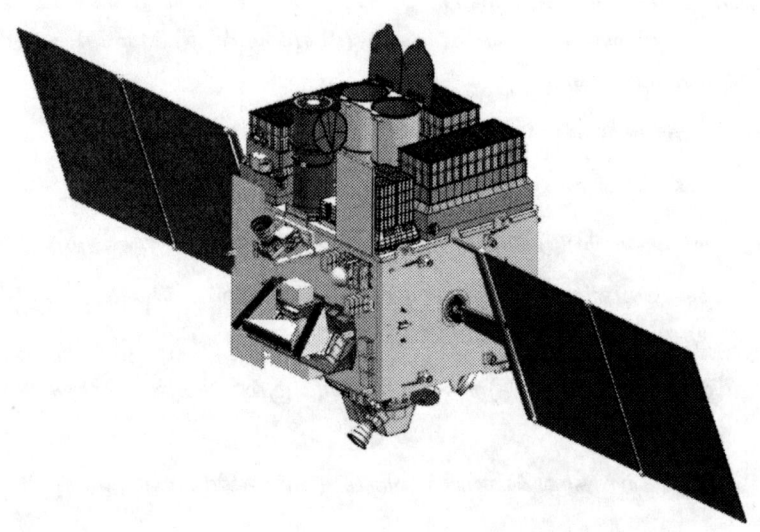

8. ஸ்ரீஹரிகோட்டா

ஸ்ரீஹரிகோட்டா என்பது இந்தியாவின் ஆந்திரப்பிரதேசத்தில் உள்ள திருப்பதி மாவட்டத்தின் ஷார் ப்ராஜெக்ட் குடியிருப்பில் அமைந்துள்ள வங்காள விரிகுடா கடற்கரையில் உள்ள ஒரு தடைத் தீவு ஆகும். இது இந்தியாவில் உள்ள இரண்டு செயற்கைக்கோள் ஏவுதளங்களில் ஒன்றான சதீஷ் தவான் விண்வெளி மையத்தைக் கொண்டுள்ளது. மற்றொன்று தும்பா பூமத்திய ரேகை ராக்கெட் ஏவுதளம், திருவனந்தபுரம். இந்திய விண்வெளி ஆராய்ச்சி நிறுவனம் (இஸ்ரோ) ஸ்ரீஹரிகோட்டாவிலிருந்து போலார் சேட்டிலைட் லாஞ்ச் வெஹிக்கிள் மற்றும் ஜியோசின்க்ரோனஸ் சேட்டிலைட் ஏவுகணை போன்ற பல கட்ட ராக்கெட்டுகளைப் பயன்படுத்தி செயற்கைக்கோள்களை விண்ணில் செலுத்துகிறது ஸ்ரீஹரிகோட்டா பூமத்திய ரேகைக்கு அருகாமையில் இருப்பதால் இஸ்ரோவால் தேர்ந்தெடுக்கப்பட்டது. இது பூமியின் சுழற்சியில் இருந்து கூடுதல் மையவிலக்கு விசையை அளிக்கிறது

ஸ்ரீஹரிகோட்டா ஒரு பகுதி சூல்லூர்பேட்டை மண்டலத்திலும், ஒரு பகுதி ஆந்திராவில் திருப்பதி மாவட்டத்தில் உள்ள தடா

மண்டலத்திலும் அமைந்துள்ளது. இந்த தீவு புலிகாட் ஏரியை வங்காள விரிகுடாவில் இருந்து பிரிக்கிறது. அருகிலுள்ள நகரம் மற்றும் இரயில் நிலையம் ஸ்ரீஹரிகோட்டாவிலிருந்து 16 கி.மீ மேற்கே உள்ள சூல்லூர்பேட்டை மற்றும் அருகிலுள்ள நகரம் திருப்பதி ஆகும். 16 கி.மீ உயரமான சாலை ஸ்ரீஹரிகோட்டாவை பிரதான நிலப்பகுதியுடன் இணைக்கிறது.

ஸ்ரீஹரிகோட்டாவின் காலநிலை வெப்பமண்டல ஈரமான மற்றும் வறண்டதாக உள்ளது. Köppen-Geiger காலநிலை வகைப்பாடு அமைப்பில் உள்ளது. ஸ்ரீஹரிகோட்டாவில் வெப்பமான கோடை மற்றும் லேசான குளிர்காலம் உள்ளது. கோடையில் 38 டிகிரி செல்சியஸ் வரையிலும், குளிர்காலத்தில் 20 டிகிரி செல்சியஸ் வரையிலும் இருக்கும். ஸ்ரீஹரிகோட்டா சென்னையிலிருந்து வடக்கே 105 கி.மீ தொலைவில் இருப்பதால், அதன் தட்பவெப்ப நிலை சென்னையைப் போன்று உள்ளது.

❖

9. விண்வெளி ஆராய்ச்சியில் வலம் வரும் விஞ்ஞானிகள்

மோகன் குமார், மிஷன் இயக்குநர்

எஸ். மோகன் குமார், விக்ரம் சாராபாய் விண்வெளி மையத்தின் ஒரு மூத்த விஞ்ஞானி. அவர் சந்திரயான்-3 திட்டத்தின் இயக்குநராக உள்ளார்.

மோகன் குமார் NVM3-M3 திட்டத்தின் கீழ் ஒன் வெப் இந்தியா 2 செயற்கைக்கோளை வணிக ரீதியாக வெற்றிகரமாக ஏவுவதிலும் இயக்குநராக பணியாற்றியுள்ளார்.

"எல்எம்3-எம்04, இஸ்ரோவின் கனரக லிப்ட் வாகனம் என்பதை மீண்டும் நிரூபித்துள்ளது. இஸ்ரோ குடும்பம் ஒரு குழுவாக இணைந்து பணியாற்றியதற்கு வாழ்த்துகள்" என்று மோகன் குமார் கூறினார்.

எஸ். உண்ணிகிருஷ்ணன் நாயர், விக்ரம் சாராபாய் விண்வெளி மையம், இயக்குநர்

எஸ். உண்ணிகிருஷ்ணன் நாயர் கேரளாவின் திருவனந்தபுரத்தில் உள்ள தும்பா விக்ரம் சாராபாய் விண்வெளி மையத்தின் தலைவரா வார்.

இந்த முக்கியத்துவம் வாய்ந்த பணியின் முக்கிய நடவடிக்கைகளுக்கு அவரும் அவரது குழுவும் பொறுப்பேற்றனர்.

லாஞ்ச் வெஹிக்கிள் மாக்-III என்று மறுபெயரிடப்பட்ட ஜியோசின்க்ரோனஸ் சாட்டிலைட் லாஞ்ச் வெஹிக்கிள் (ஜிஎஸ்எல்வி) மாக்-IIIயும் (புவி ஒத்திசைவு செயற்கைகோள் செலுத்து வாகனம்), விக்ரம் சாராபாய் விண்வெளி மையத்தால் தயாரிக்கப்பட்டது.

தகவல் தொடர்பு, வழிகாட்டல், ரிமோட் சென்சிங், வானிலை ஆய்வு மற்றும் பிற கிரகங்கள் பற்றிய ஆராய்ச்சி போன்ற துறைகளில் இந்த மையம் முக்கிய பங்கு வகிக்கிறது.

இஸ்ரோவுக்கான எல்லா செயற்கைக்கோள்களின் வடிவமைப்பு மற்றும் மேம்பாட்டை மேற்பார்வையிடும் மையத்தின் தலைவராக 2021 ஜூன் மாதம் அவர் பொறுப்பேற்றார்.

நீண்ட விண்வெளி பயணங்களின் போது விண்வெளி வீரர்களின் ஆரோக்கியத்தைப் பாதுகாப்பதற்கான பாதுகாப்பு நடவடிக்கைகளை மேம்படுத்துவதற்கு இந்த சோதனை உதவும் என நாசா கூறுகிறது.

"ஆரோக்கியமான செரிமான மற்றும் நோய் எதிர்ப்பு சக்தியைப் பராமரிக்க, விலங்குகள் உட்பட மனிதர்கள் நுண்ணுயிரிகளை சார்ந்துள்ளோம். விண்வெளிப் பயணம் இந்த நன்மை பயக்கும் தொடர்புகளை எவ்வாறு மாற்றுகிறது என்பதை நாம் இன்னும் முழுமையாக புரிந்து கொள்ளவில்லை" என இப்பரிசோதனையின் முதன்மை ஆய்வாளர் ஜேமி ஃபாஸ்டர் கூறினார்.

பி. வீரமுத்துவேல், சந்திரயான்-3 திட்ட இயக்குநர்

நிலாவின் தென் துருவத்தில் சந்திரயான்-3 மெதுவாக தரையிறங்கியதன் வாயிலாக அங்கு சென்றடைந்த உலகின் முதல் நாடு என்ற பெருமையை இந்தியா பெற்றுள்ளது.

நிலவில் தங்கள் லேண்டரை தரையிறக்க முடிந்த உலகின் உயர் நாடுகள் பட்டியலில் இந்தியாவும் சேர்ந்துள்ளது. அவ்வாறு செய்யும் நான்காவது நாடு இந்தியா. முன்னதாக அமெரிக்கா, சோவியத் ஒன்றியம் மற்றும் சீனா ஆகிய நாடுகள் நிலவின் மேற்பரப்பில் தங்கள் லேண்டர்களை வெற்றிகரமாக தரையிறக்கியுள்ளன.

இதே மாதத்தில் ரஷ்யாவும் தனது லூனா -25 ஐ சந்திரனுக்கு அனுப்பியது. சந்திரயான்-3 க்கு இரண்டு நாட்களுக்கு முன்பாக நிலவின் மேற்பரப்பில் அதை தரையிறக்க திட்டமிடப்பட்டிருந்தது. ஆனால் அது விபத்துக்குள்ளாகி கீழே விழுந்து நொறுங்கிவிட்டது.

இந்தியாவின் இந்த வரலாற்று வெற்றிக்கு பின்னால் நூற்றுக்கணக் கான இஸ்ரோ விஞ்ஞானிகளின் கூட்டு முயற்சி உள்ளது. இருப்பினும் குறிப்பாக இந்த விஞ்ஞானிகள் முக்கியப் பங்கு வகித்தனர்.

இவரின் தந்தை ஒரு ரயில்வே ஊழியர். இஸ்ரோவின் பல்வேறு மையங்களுடன் சந்திரயான் -3 யின் ஒருங்கிணைப்பு பணியை அவர் கையாண்டார்.

2019 இல் அவர் இந்த பணிக்கு பொறுப்பேற்றார்.

மூன் மிஷன் தொடங்குவதற்கு முன் வீரமுத்துவேல், இஸ்ரோ தலைமையகத்தில் உள்ள விண்வெளி உள்கட்டமைப்பு திட்ட அலுவலகத்தில் துணை இயக்குநராக இருந்தார்.

சந்திரயான்-2 திட்டத்தில் வீரமுத்துவேல் முக்கிய பங்கு வகித்தார். நாசாவுடன் ஒருங்கிணைப்பை ஏற்படுத்துவதிலும் அவர் முக்கிய பங்களிப்பை வழங்கினார்.

தமிழ்நாட்டின் விழுப்புரத்தில் வசிக்கும் இவர், சென்னை ஐஐடியில் இருந்து பட்டம் பெற்றவர்.

வீரமுத்துவேல் லேண்டரின் நிபுணர். விக்ரம் லேண்டரை வடிவமைப்பதில் அவர் முக்கியப் பங்கு வகித்துள்ளார்.

கல்பனா.கே, துணை திட்ட இயக்குநர், சந்திரயான்-3

இந்தியாவின் செயற்கைக்கோள் திட்டத்தில் இந்த அர்ப்பணிப்பு மிக்க பொறியாளருக்கு மிகப்பெரிய பங்கு உள்ளது.

சந்திரயான்-2 மற்றும் மங்கள்யான் திட்டத்திலும் கல்பனா முக்கியப் பங்கு வகித்தார்.

‘பல ஆண்டுகளாக எந்த இலக்கை அடைய முயற்சித்து வந்தோமோ, எந்தத் தருணத்திற்காக காத்திருந்தோமோ, இன்று அதன் துல்லிய

மான பலனை அடைந்துள்ளோம்' என்று கல்பனா செய்தியாளர்களிடம் தெரிவித்தார்.

'இது எனக்கும், எனது குழுவிற்கும் மறக்க முடியாத தருணம். நாங்கள் எங்கள் இலக்கை அடைந்து விட்டோம்' என்றார் அவர்.

எம். சங்கரன், யு.ஆர். ராவ், செயற்கைக்கோள் மையத்தின் இயக்குநர்

எம்.சங்கரன், யு.ஆர்.ராவ் செயற்கைக்கோள் மையத்தின் தலைவராக உள்ளார். இஸ்ரோவுக்காக இந்தியாவின் எல்லா செயற்கைக்கோள்களையும் தயாரிக்கும் பொறுப்பு அவரது குழுவுக்கு உள்ளது.

சந்திரயான்-1, மங்கள்யான் மற்றும் சந்திரயான்-2 செயற்கைக்கோள்களை உருவாக்கும் பணியிலும் சங்கரனின் முக்கிய பங்களிப்பு உள்ளது.

சந்திரயான்-3 செயற்கைக்கோளின் வெப்பநிலை சமநிலையில் இருப்பதை உறுதி செய்வது சங்கரனின் பொறுப்பாக இருந்தது.

செயற்கைக்கோளின் அதிகபட்ச மற்றும் குறைந்தபட்ச வெப்ப நிலையை சோதிப்பது முழு செயல்முறையின் மிக முக்கியமான ஒரு பகுதியாகும்.

நிலவின் மேற்பரப்பின் 'மாதிரியை' உருவாக்க அவர் உதவினார். அதில் லேண்டரின் இறங்கும் திறன் சோதிக்கப்பட்டது.

எஸ். சோம்நாத், இஸ்ரோ தலைவர்

இந்தியாவின் லட்சிய நிலவு பயணத்தின் பின்னணியில் எஸ். சோம்நாத்தின் முக்கிய பங்கு இருக்கிறது.

ககன்யான் மற்றும் சூரிய ஆய்வுத் திட்டம் ஆதித்யா-எல்-1 உள்ளிட்ட இஸ்ரோவின் மற்ற விண்வெளிப் பயணங்களுக்கு வேகம் அளித்த பெருமையும் இவருக்கு உண்டு.

எஸ். சோம்நாத் இஸ்ரோவின் தலைவர் பொறுப்பை ஏற்கும் முன் விக்ரம் சாராபாய் விண்வெளி மையம் மற்றும் திரவ உந்து அமைப்பு மையத்தின் இயக்குநராகவும் இருந்துள்ளார்.

லிக்விட் ப்ராபல்ஷன் சிஸ்டம்ஸ் மையம் முக்கியமாக இஸ்ரோவிற்கான ராக்கெட் தொழில்நுட்பத்தை உருவாக்குகிறது.

'சந்திராயன்-3 தன் துல்லியமான சுற்றுப்பாதையை அடைந்து, நிலவை நோக்கிய தனது பயணத்தைத் தொடங்கிவிட்டது. வாகனம் நன்றாக இருக்கிறது' என்று சந்திரயான் -3 விண்வெளியில் ஏவப் பட்டபோது சோம்நாத் கூறினார்.

'சந்திரயான்-2 தோல்வியில் இருந்து நாங்கள் நிறைய கற்றுக் கொண்டோம். இன்று நாங்கள் வெற்றி பெற்றுள்ளோம்' என்று புதன் கிழமை சந்திரயான் -3 வெற்றிகரமாக தரையிறங்கிய பிறகு எஸ்.சோம்நாத் குறிப்பிட்டார்.

'சூரிய ஆய்வுக்காக ஆதித்யா எல்-1 விண்கலம் ஸ்ரீஹரிகோட்டாவில் இருந்து அடுத்த மாதம் விண்ணில் ஏவப்படக்கூடும்.' என்றார் அவர்.

'சந்திரயான்-3 க்கு அடுத்த 14 நாட்கள் முக்கியமானதாக இருக்கும்' என்றும் அவர் சுட்டிக்காட்டினார்.

ராஜராஜன், ராக்கெட் செலுத்து அனுமதி வழங்கும் வாரியத்தின் தலைவர்

ராஜராஜன், ஸ்ரீஹரிகோட்டாவில் உள்ள சதீஷ் தவன் விண்வெளி மையத்தின் இயக்குனர் மற்றும் விஞ்ஞானி ஆவார்.

மனித விண்வெளி பணி திட்டம் - ககன்யான் மற்றும் SSLV இன் மோட்டார் தொடர்பாக அவர் பணிபுரிகிறார்.

❖

10. இந்திய விண்வெளி ஆராய்ச்சி நிறுவனம் வரலாற்றுச் சுருக்கம்

1962 ஆம் ஆண்டு இந்திய அரசு விண்வெளி ஆராய்ச்சிக்கான இந்திய தேசியக் குழுவை (INCOSPAR) அமைத்தபோது இந்தியா விண்வெளிக்குச் செல்ல முடிவு செய்தது. தொலைநோக்கு பார்வை கொண்ட டாக்டர் விக்ரம் சாராபாய் தலைமையில், INCOSPAR தும்பா பூமத்திய ரேகை ஏவுதளத்தை (TERLS) நிறுவியது. மேல் வளிமண்டல ஆராய்ச்சிக்காக திருவனந்தபுரம்.

1969 இல் உருவாக்கப்பட்ட இந்திய விண்வெளி ஆராய்ச்சி நிறுவனம், முந்தைய INCOSPAR ஐ முறியடித்தது. விக்ரம் சாராபாய், ஒரு தேசத்தின் வளர்ச்சியில் விண்வெளி தொழில்நுட்பத்தின் பங்கு மற்றும் முக்கியத்துவத்தை அடையாளம் கண்டு, இஸ்ரோ வளர்ச்சியின் முகவராக செயல்பட தேவையான வழிகாட்டுதலை வழங்கினார். ISRO பின்னர் தேசத்தின் விண்வெளி அடிப்படையிலான சேவைகளை வழங்குவதற்கும், அதைச் சுதந்திரமாக அடைய தொழில்நுட்பங்களை மேம்படுத்துவதற்கும் அதன் பணியைத் தொடங்கியது.

ஜெகாதா | 39

பல ஆண்டுகளாக, இஸ்ரோ, சாமானியர்களின் சேவைக்கு, தேசத்தின் சேவைக்கு இடத்தைக் கொண்டுவரும் அதன் நோக்கத்தை நிலைநிறுத்தி வருகிறது. செயல்பாட்டில், இது உலகின் ஆறு பெரிய விண்வெளி நிறுவனங்களில் ஒன்றாக மாறியுள்ளது. இஸ்ரோ மிகப்பெரிய தகவல் தொடர்பு செயற்கைக்கோள்கள் (இன்சாட்) மற்றும் ரிமோட் சென்சிங் (ஐஆர்எஸ்) செயற்கைக்கோள்களில் ஒன்றைப் பராமரிக்கிறது, அவை முறையே வேகமான மற்றும் நம்பகமான தகவல் தொடர்பு மற்றும் பூமி கண்காணிப்புக்கான வளர்ந்து வரும் தேவையை பூர்த்தி செய்கின்றன. இஸ்ரோ நாட்டிற்கு பயன்பாட்டு குறிப்பிட்ட செயற்கைக்கோள் தயாரிப்புகள் மற்றும் கருவிகளை உருவாக்கி வழங்குகிறது: ஒளிபரப்பு, தகவல் தொடர்பு. வானிலை முன்னறிவிப்புகள், பேரிடர் மேலாண்மை கருவிகள், புவியியல் தகவல் அமைப்புகள், வரைபடவியல், வழிசெலுத்தல், டெலிமெடிசின், பிரத்யேக தொலைதூர கல்வி செயற்கைக் கோள்கள் போன்றவை.

இந்த பயன்பாடுகளின் அடிப்படையில் முழுமையான தன்னம்பிக்கையை அடைவதற்கு, துருவ செயற்கைக்கோள் ஏவுதல் வாகனம் (பிஎஸ்எல்வி) வடிவில் உருவான செலவு குறைந்த மற்றும் நம்பகமான ஏவுதள அமைப்புகளை உருவாக்குவது அவசியம். புகழ்

பெற்ற பிஎஸ்எல்வி அதன் நம்பகத்தன்மை மற்றும் செலவுத் திறன் காரணமாக பல்வேறு நாடுகளின் செயற்கைக்கோள்களுக்கு ஒரு விருப்பமான கேரியராக மாறியது, முன்னோடியில்லாத சர்வதேச ஒத்துழைப்பை மேம்படுத்துகிறது. ஜியோசின்க்ரோனஸ் சாட்டிலைட் லாஞ்ச் வெஹிக்கிள் (ஜிஎஸ்எல்வி) கனமான மற்றும் அதிக தேவை யுள்ள ஜியோசின்க்ரோனஸ் தகவல் தொடர்பு செயற்கைக்கோள் களை மனதில் கொண்டு உருவாக்கப்பட்டது.

தொழில்நுட்பத் திறனைத் தவிர, நாட்டின் அறிவியல் மற்றும் அறிவியல் கல்வியிலும் இஸ்ரோ பங்களித்துள்ளது. ரிமோட் சென்சிங், வானியல் மற்றும் வானியற்பியல், வளிமண்டல அறிவியல் மற்றும் விண்வெளி அறிவியலுக்கான பல்வேறு பிரத்யேக ஆராய்ச்சி மையங்கள் மற்றும் தன்னாட்சி நிறுவனங்கள் பொதுவாக விண்வெளித் துறையின் கீழ் செயல்படுகின்றன. இஸ்ரோவின் சொந்த சந்திர மற்றும் கிரகங்களுக்கு இடையேயான பயணங்கள் மற்ற அறிவியல் திட்டங்களுடன் அறிவியல் கல்வியை ஊக்குவிக் கின்றன மற்றும் மேம்படுத்துகின்றன. அறிவியல் சமூகத்திற்கு மதிப்புமிக்க தரவுகளை வழங்குவதைத் தவிர, அறிவியலை வளப்படுத்துகிறது.

எதிர்காலத் தயார் நிலையே தொழில்நுட்பத்தில் ஒரு விளிம்பை நிலைநிறுத்துவதற்கான திறவுகோலாகும். மேலும் நாட்டின் தேவைகள் மற்றும் லட்சியங்கள் உருவாகும்போது அதன் தொழில் நுட்பங்களை மேம்படுத்தவும் இஸ்ரோ முயற்சிக்கிறது. எனவே, இஸ்ரோ கனரக லிப்ட் ஏவுகணைகள், மனித விண்வெளிப் பயணத் திட்டங்கள், மீண்டும் பயன்படுத்தக்கூடிய ஏவுதள வாகனங்கள், அரை கிரையோஜெனிக் இயந்திரங்கள், ஒற்றை மற்றும் இரண்டு நிலை சுற்றுப்பாதையில் (SSTO மற்றும் TSTO) வாகனங்கள், விண்வெளி பயன்பாடுகளுக்கான கலவைப் பொருட்களை உருவாக்குதல் மற்றும் பயன்படுத்துதல் போன்றவற்றில் முன்னேறி வருகிறது.

இஸ்ரோவின் கிரக ஆய்வுகள் பற்றி...

- மங்கள்யான்-இது செவ்வாய் கிரகத்தின் மேற்பரப்பு அம்சங்கள், உருவவியல், கனிமவியல் மற்றும் செவ்வாய் வளிமண்டலத்தை

ஆராய்ந்து அவதானிக்க இஸ்ரோவின் முதல் கிரகங்களுக்கு இடையிலான பணியாகும்.

- 2013 ஆம் ஆண்டு ஏவப்பட்ட இந்த விண்கலம், அதன் முதல் முயற்சியில் செப்டம்பர் 24, 2014 அன்று செவ்வாய் கிரக சுற்றுப் பாதையில் வெற்றிகரமாகச் செலுத்தப்பட்டது.
- இந்த பணியானது கோள்களுக்கு இடையேயான பணியை வடிவமைத்தல், திட்டமிடுதல், நிர்வகித்தல் மற்றும் செயல்பாடு களுக்கான தொழில்நுட்பங்களை உருவாக்குவதற்கான 'தொழில்நுட்ப ஆர்ப்பாட்டம்' திட்டமாகும்.
- மங்கள்யான் தனது பயணத்தை 2022 இல் முடித்தது.

ரஷ்யாவின் Roscosmos, NASA, ESA ஆகியவற்றுக்குப் பிறகு செவ்வாய் கிரகத்தின் சுற்றுப்பாதையை அடைந்த நான்காவது நிறுவனமாக ISRO இருந்தது.

சந்திரன் ஆய்வு :

- *சந்திரயான்-1* : சந்திரயான்-1 இன் ஆர்பிட்டர் நிலவில் நீர் இருப்பதற்கான ஆதாரங்களைக் கண்டறிந்தது. இது 2008 இல் தொடங்கப்பட்டது.
- *சந்திரயான்-2* : இது இந்தியாவின் முதல் லேண்டர் மிஷன், இது 2019 இல் ஏவப்பட்டது.
- *சந்திரயான்-3* : பயணத்தின் வெற்றியானது இந்தியாவின் சந்திர திட்டத்திற்கு ஒரு முக்கிய படியாகும், ஆனால் அதன் திறன் களையும், அறிவியல் முன்னேற்றத்தையும் காட்டுகிறது. இது 2023 இல் தொடங்கப்பட்டது.

இந்தியா நிலவின் தென் துருவத்தில் தரையிறங்கிய முதல் நாடாக வும், நிலவில் தரையிறங்கிய 4 வது நாடாகவும் (ரஷ்யா, அமெரிக்கா மற்றும் சீனாவுக்குப் பிறகு) ஆனது.

சந்திரயான் 3 நிலவில் வெற்றிகரமாக தரையிறங்கியது, சந்திரனின் தென் துருவத்திற்கு அருகில் சென்ற முதல் நாடாக இந்தியாவை உருவாக்குகிறது. இதனால் இஸ்ரோவின் விண்வெளி பயணத்தின் வரலாற்றைத் தூண்டியது.

இஸ்ரோ எப்படி வளர்ந்தது?

டாக்டர் விக்ரம் சாராபாய் இந்திய விண்வெளி திட்டத்தின் தந்தை என்று அழைக்கப்படுகிறார்.

- இந்திய விண்வெளி ஆராய்ச்சி நிறுவனம் (ISRO) இந்தியாவின் விண்வெளி நிறுவனம் ஆகும்.

- பங்கு- இந்தியாவிற்கும் மனித குலத்திற்கும் விண்வெளியின் நன்மைகளை அறுவடை செய்ய அறிவியல், பொறியியல் மற்றும் தொழில்நுட்பத்தில் ஈடுபட்டுள்ளது.

- உருவாக்கம் -இது ஆகஸ்ட் 15, 1969 இல் உருவாக்கப்பட்டது மற்றும் 1962 ஆம் ஆண்டில் டாக்டர் விக்ரம் சாராபாயால் விண்வெளி தொழில்நுட்பத்தைப் பயன்படுத்துவதற்கான விரிவாக்கப்பட்ட பங்கைக் கொண்டு 1962 இல் அமைக்கப்பட்ட இந்திய தேசிய விண்வெளி ஆராய்ச்சி குழுவை (INCOSPAR) மாற்றியது.

- விண்வெளித் துறை (DoS) அமைக்கப்பட்டது மற்றும் ISRO 1972 இல் DoS இன் கீழ் கொண்டு வரப்பட்டது.

- குறிக்கோள் - பல்வேறு தேசிய தேவைகளுக்கு விண்வெளி தொழில்நுட்பத்தின் வளர்ச்சி மற்றும் பயன்பாடு.

- விண்வெளி அமைப்பு - இஸ்ரோ பெரிய விண்வெளி அமைப்புகளை நிறுவியுள்ளது.

    - தொடர்பு, தொலைக்காட்சி ஒளிபரப்பு மற்றும் வானிலை சேவைகள்
    - வளங்கள் கண்காணிப்பு மற்றும் மேலாண்மை;
    - விண்வெளி அடிப்படையிலான வழிசெலுத்தல் சேவைகள்.

11. இஸ்ரோவும் செயற்கைக்கோளும்

இஸ்ரோவின் செயற்கைக்கோள் திட்டம் பற்றி என்ன?

ஆர்யபட்டா - 1975 இல் தொடங்கப்பட்டது, இது விண்வெளி சகாப்தத்தில் இந்தியாவின் நுழைவைக் குறித்தது மற்றும் நமது விண்வெளித் திட்டத்தின் முன்னோடியாக மாறியது.

இஸ்ரோவின் ஏவுகணை வாகனத் திட்டங்கள் என்ன?

அவை விண்கலங்களை விண்வெளிக்கு எடுத்துச் செல்லப் பயன்படு கின்றன. இந்தியாவில் மூன்று செயல்பாட்டு ஏவுதள வாகனங்கள் உள்ளன.

1. துருவ செயற்கைக்கோள் ஏவுதல் வாகனம் (PSLV)

2. ஜியோசின்க்ரோனஸ் செயற்கைக்கோள் ஏவுதல் வாகனம் (ஜிஎஸ்எல்வி).

3. ஜியோசின்க்ரோனஸ் செயற்கைக்கோள் ஏவு வாகனம் Mk-III (LVM3)

பிஎஸ்எல்வி - இது இஸ்ரோலின் வேலை குதிரையாக கருதப்படு கிறது. புவி கண்காணிப்பு, புவி-நிலை மற்றும் ஊடுருவல் ஆகிய 3 வகையான பேலோடுகளையும் ஏவுவதற்கு இது ஒரு பல்துறை ஏவுகணை வாகனமாகும்.

இது 1,000 கிலோ எடையை சுமந்து செல்லக்கூடியது என்பதால், பிக் ராக்கெட்ஸ் லீக்கில் இந்தியாவின் நுழைவைக் குறித்தது. உதாரணம் சந்திரயான் 1 மற்றும் மங்கள்யான் ஆகியவை பி.எஸ்.எல்.வி.

பிஎஸ்எல்வியின் கட்டமைப்பு :

பொதுவான பிஎஸ்எல்வி - ஆறு பட்டைகள்.

பி.எஸ்.எல்.வி.-சி.ஏ - ஸ்டிராப்-ஆன்கள் இல்லாத கோர் தனியாக உள்ளமைவு.

பிஎஸ்எல்வி - எக்ஸ்எல்-நீட்டிக்கப்பட்ட ஸ்ட்ராப்-ஆன்களைக் கொண்ட மிகவும் சக்திவாய்ந்த ஒன்று.

ஜிஎஸ்எல்வி - இது பிஎஸ்எல்வியின் இரண்டு பெரிய வரம்புகளைத் தீர்ப்பதை நோக்கமாகக் கொண்டது.

இது பூமியின் மேற்பரப்பில் இருந்து 600 கிமீ உயரம் வரை, பூமியின் கீழ் சுற்றுப்பாதைக்கு சுமார் 1,750 கிலோ எடையுள்ள பேலோடை அனுப்ப முடியும்.

இது ஜியோஸ்டேஷனரி டிரான்ஸ்ஃபர் ஆர்பிட்டில் (ஜிடிஓ) சில 100 கிலோமீட்டர்கள் மேலே செல்ல முடியும்,இருப்பினும் குறைந்த பேலோட் மட்டுமே.

LVM3- இது அடுத்த தலைமுறை வெளியீட்டு வாகனம். மற்றும் அதிக எடை கொண்ட ஏவுகணை வாகனம்.

பூமியில் இருந்து 30,000 கிமீ தொலைவில் உள்ள புவிசார் சுற்றுப் பாதையில் ராக்கெட் மூலம் 4,000 கிலோ பேலோடை செலுத்த முடியும்.

GSAT-19 செயற்கைக்கோள் 2017 இல் ஏவப்பட்ட LVM-3 இன் முதல் வெற்றிகரமான பணியாகும்.

HRLV- மனித மதிப்பிடப்பட்ட LVM3 ஆனது ககன்யான் பணிக்கான ஏவுகணை வாகனமாக அடையாளம் காணப்பட்டுள்ளது, இது HRLV என பெயரிடப்பட்டுள்ளது.

சிறிய செயற்கைக்கோள் ஏவுகணை வாகனம் (SSLV)

தேவைக்கேற்ப சிறிய செயற்கைக்கோள் ஏவுதள சந்தையை சந்திக்கும் வகையில் முழுமையான உள்நாட்டு தொழில்நுட்பங்களுடன் இது உருவாக்கப்படுகிறது.

சந்திரயான் திட்டம் (Chandrayaan programme) அல்லது இந்திய நிலாத் தேட்டத் திட்டம் (Indion Lunar Exploration Programme) என்பது இந்திய விண்வெளி ஆய்வு மையம் (இஸ்ரோ) மேற்கொண்டு வரும் விண்வெளித் திட்டமாகும். இத்திட்டத்தில் நிலா வட்டணைக்கலம், மொத்துகலம், மெனதரையிறங்கி, நிலா ஊர்கலம்(ஊர்தி) ஆகியன அடங்கும்.

திட்ட அமைப்பு

சந்திரயான் என்ற இந்திய நிலா ஆய்வுத் திட்டம் பல பணிகளைக் கொண்ட திட்டமாகும். As of செப்டம்பர் 2019 நிலவரப்படி இசுரோவின் பிஎஸ்எல்வி ஏவூர்தியைப் பயன்படுத்தி. ஒரு மொத்து கல ஆய்வுக் கருவியுடன் ஒரு சுற்றுக்கலமும் நிலாவுக்கு அனுப்பப் பட்டது. சுற்றுக்கலம், மென்தரையிறங்கி, நிலா ஊர்தி ஆகியவற்றைக் கொண்ட இரண்டாவது விண்கலம் 2019 சூலை 22 அன்று எல்.வி.எம்-3 ஏவூர்தியைப் பயன்படுத்தி ஏவப்பட்டது.

விக்ரம் சாராபாய் விண்வெளி மையத்தின் இயக்குநர் எஸ்.சோமநாத், சந்திரயான் திட்டத்தில் சந்திரயான்-3 மற்றும் பல தொடர் பணிகள் இருக்கும் என்று கூறினார். சந்திரயான்-3 பணி 2023 சூலை 14 இல் எல்விஎம்-3 ஐப் பயன்படுத்தி ஏவப்பட்டது, இது 2023 ஆகஸ்ட் மாதத்தில் அது நிலவின் மேற்பரப்பை அடையும் என எதிர்பார்க்கப் படுகிறது.

❖

இஸ்ரோ (ISRO)

12. நிலவை நெருங்குகிறோம்

- சோவியத் யூனியனால் ஏவப்பட்ட 'லூனா-9' விண்கலம், 1966 பிப்ரவரி 3 அன்று கொஞ்சம் துரிதமான பாதையில் 3 நாள் 7 மணி நேரம் பயணம் செய்து, முதல் முறையாக, மென்மையாக நிலவில் தரையிறங்கியது.

- அமெரிக்கவைப் பொறுத்தவரை, 1964 ஜூலை 28 அன்று செலுத்தப்பட்ட 'ரேஞ்சர்-7' விண்கலம் மூன்றாம் நாளில் சந்திரனை அடைந்தது. முதல் முறையாக சந்திரனின் மேற் பரப்புப் படங்களை எடுத்து அனுப்பியது. இறுதியில் அதுவும் நிலாத்தரையில் மோதி விழுந்து விட்டது.

- அடுத்த சில ஆண்டுகளில் 1969 ஜூலை 20 அன்று தொடங்கிய அமெரிக்க அப்போலோ-11 முதல் 6 மனித நிலாப் பயணங்கள் வரலாற்றில் மாபெரும் முத்திரை பதித்தன. அப்போலோ, வெறும் நான்கு நாள், 6 மணி நேரம், 45 நிமிடத்தில் நிலவில் தரையிறங்கியது.

- நிலவுக்கு மனிதர்களை அனுப்புவதைக் காட்டிலும் தானியங்கி விண்கருவிகளைச் செலுத்தி ஆராய்ச்சி செய்வதில் ரஷ்யா

முனைப்பு காட்டியது. 'லூனா-16' (24-9-1970), 'லூனா-20' (25.2.1972) ஆகிய ரஷ்ய விண்கலங்கள் சந்திரனில் 'வளக்கடல்' அருகில் அப்போலியஸ் மேட்டுப்பகுதியில் இருந்து இரண்டு முறை நிலவின் மண் மாதிரிகளை கொண்டு வந்துள்ளன.

- மூன்றாம் முறையாக, 1976 ஆகஸ்ட் 9 அன்று செலுத்தப்பட்ட 'லூனா-24' விண்கலன் சந்திரனில் 'நெருக்கடிகளின் கடல்' என்னும் பகுதியில் இருந்து உள்ளங்கை அளவு (ஏறத்தாழ 170 கிராம்) சந்திர மண் மாதிரியை 1976 ஆகஸ்ட் 22 அன்று பூமிக்கு எடுத்து வந்தது.

- நிலவின் தென்துருவப் பகுதியில் 2,500 கி.மீ குறுக்களவும், 6-8 கி.மீ. ஆழமும் கொண்ட பள்ளத்தில் பனிப்படலங்களும், நிலா மண்ணில் ஹீலியம் 3 என்னும் அணுக்கரு விசைப் பொறிகளுக் கான எரிபொருளும், தங்குதடையற்ற சூரிய மின்சார நிலையத் திற்கான வாய்ப்பும் உள்ளதால் ஏறத்தாழ கால் நூற்றாண்டுக்குப் பிறகு உலக நாடுகளின் பார்வை மீண்டும் நிலாவில் படிந்தது.

- ஜப்பான் செலுத்திய 'ஹிதென்' என்ற விண்ணூர்தி 1993 நவம்பர் 11 அன்று நிலவில் 'ஃபர்னிலியஸஸ்' என்னும் இடத்தில் தரை இறங்கியது. இந்த நூற்றாண்டின் தொடக்கத்தில், ஐரோப்பா வின் 'ஸ்மார்ட்' (27-9-2003), ஜப்பானின் 'செலீனி' (14-9-2007), சீனாவின் 'சாங்கே-1' (24-10-2007), இந்தியாவின் சந்திரயான்-1 (22-10-2008) ஆகிய நாடுகளின் முதல் நிலவுப் பயண முயற்சிகள் வெற்றிகரமாக நடந்தேறின.

- அந்த வகையில் நிலவை நெருங்கிச் சுற்றி வந்த ஆறாவது நாடாக இந்தியா சாதனை படைத்தது. இந்தியாவின் சந்திரயான்-1 பயணத்தில் இந்திய மூவர்ணக்கொடி பொறித்த 'நிலா மோது கலன்' 2008 நவம்பர் 14 (குழந்தைகள் நாளில்) நிலவில் மோதி விழச் செய்யப்பட்டது. அது தண்ணீர் மூலக்கூறுகள் தென்படும் ஷேக்கிள்டன் பள்ளத்தின் அருகில் விழுந்தது. இந்திய விண்வெளித் துறையைத் தொடங்கி வைத்த அந்நாள் பிரதமர் ஜவஹர்லால் நேரு பெயரால் அந்த இடம், 'ஜவாகர் புள்ளி' என்றே அழைக்கப்படுகிறது.

- இதற்கிடையில் 2018 டிசம்பர் 7 அன்று, சீனாவும் 'சாங்கே-4' ஏவுகலனில் 'யூது-2' (சீன மொழியில் முயல்) என்னும் தரை யிறங்கியை நிலவுக்கு அனுப்பியது. 26 நாட்களுக்குப் பிறகு 3.1.2019 முதல் முறையாக, நிலவின் முதுகுப்புறத்தில் தரை யிறங்கிய 'யூது-2', கடந்த நான்கு ஆண்டுகளில் ஏறத்தாழ 1-2 கிலோமீட்டர் தொலைவுக்கு நிலவின் தரையில் ஊர்ந்து சென்று ஆராய்ந்து வருகிறது.
- ஆரவாரம் இல்லாமல் 2019 பிப்ரவரி 22 அன்று இஸ்ரேலின் முதல் நிலவுப் பயணமான 'பெரேஷீட்' (இஸ்ரேலில் 'ஆதி யாகமம்') விண்கலம், பூமியையும், நிலவையும் பலமுறை சுற்றி வந்து 47 நாட்களுக்குப் பிறகு, அதன் சந்திர சுற்றுப்பாதையை அடைந்தது.
- ஆயினும், 11 ஏப்ரல் 2019 அன்று தரையிறங்கும்போது, அதன் திசை காட்டிகளான நிலைச்சுற்றிக் கருவிகள் செயலிழந்ததால், 'பெரெஷீட்', சந்திரனில் மோதி, தகவல் தொடர்பு அறுந்து போனது.
- உள்ளபடியே இது நிலவில் தரையிறங்கத் தனியார் நிறுவனம் மேற்கொண்ட முதல் முயற்சி என்றும் கொள்ளலாம். காரணம், பெரெஷீட், 'ஸ்பேஸ் எக்ஸ்' என்னும் அமெரிக்கத் தனியார் நிறுவனம் தயாரித்த 'ஃபால்கன் 9 பிளாக் 5' என்னும் ஏவு கலனால் செலுத்தப்பட்டது என்பது முக்கியத் தகவல்.
- எது எப்படியாயினும், சந்திரயான்-3 புவியை விட்டுக் கிளம்பி, நான்கு வாரங்களுக்குப் பிறகு, 2023 ஆகஸ்ட் 11 அன்று, ரஷ்யா வின் 'ரோஸ்காஸ்மாஸ்' விண்வெளி முகமையின் 'லூனா-25' ஆகிய 'லூனா-குளோப்-லேண்டர்' விண்கலனை, 'ஃப்ரீகாட்' என்னும் நவீன இறுதி உந்து கட்டப்பொறி பொருத்தப்பட்ட 'சோயுஸ்2.1பி' என்னும் ஏவுகலனால் வாஸ்டாக்னி ஏவு தளத்தில் இருந்து செலுத்தியது.
- அது, நிலவில் ஆகஸ்ட் 21 அன்று தரையிறங்கத் திட்டமிடப் பட்டிருந்த நிலையில், ஆகஸ்ட் 19 அன்று, அதில் ஒரு

'அசாதாரண சூழ்நிலை' ஏற்பட்டது. அதன் சிறிய உந்துபொறி, புவிக்கட்டுப்பாட்டு மையத்திலிருந்து வந்த தொலைக் கட்டளையை ஏற்று, வேகத்தைக் குறைக்க இயலாமல் 'லூனா-25' நிலவின் தரையில் முன்கூட்டியே வந்து விழுந்துவிட்டது.

- சந்திரயான்-3, நிலவை அடைய 40 நாட்கள் எடுத்துக் கொண்டாலும் இந்தப் பயணத்தின் முதன்மை நோக்கம் என்பது வித்தியாசமான சூழலில் நிலவின் தென் துருவப் பகுதியில் கால் பதிக்கும் உலகின் முதல் நாடு இந்தியா என்ற பெருமையில், நிலவில் சுமூகமாகத் தரையிறங்கி, அங்கிங்காக ஊர்ந்து சென்று, ஆராய்ச்சி செய்யும் தொழில்நுட்பத் திறன்களை நிரூபிக்க வேண்டும் என்பதுதான்.

- சந்திரயான்-3 ஆய்வுக்கலன் சந்திரனின் மேற்பரப்பை நெருங்கும் ஒவ்வொரு நொடியையும் உலகமே உன்னிப்பாக உற்றுநோக்கிக் கொண்டிருக்கிறது.

- ஜூலை 14 அன்று ஸ்ரீஹரிகோட்டா விண்வெளி மையத்தில் இருந்து 'எல்.வி.எம்-3' என்னும் கனரக ஏவுகலனில் கிளம்பியது சந்திரயான்-3 விண்கலம். அதன் உச்சியில் ஒரு உந்து விசைக்

கலன் (2,148 கிலோ), அதன் மேல் 'இந்திய விண்வெளித் தந்தை' எனப் போற்றப்பட்ட டாக்டர் விக்ரம் சாராபாய் பெயர் தாங்கிய 'விக்ரம்' தரையிறங்கி (1,752 கிலோ), அதன் பெட்டகத் தினுள் 'பிரக்ஞான்' நிலா ஊர்தி (26 கிலோ) ஆகிய சுமை களுடன் நிலாப்பயணம் தொடங்கியது.

- அடுத்த இரு வாரங்களுக்குள், ஐந்து முறை பூமியைச் சுற்றி வந்த பிறகு, அதன் நீள்வட்டப் பாதையின் தொலைவு 1,27,603 கிலோமீட்டர் வரை விரிவுபடுத்தப்பட்டது. ஒவ்வொரு முறை பூமிக்கு அருகில் வரும்போதும் கவண் கல் வீசுவது மாதிரி, புவியீர்ப்பு விசையின் உதவியால் சுண்டிவிட்டதுபோல், கூடுதல் வேகம் ஊட்டப்பட்டது.

- ஜூலை 31 அன்று சந்திரனுக்கு 288 கி.மீ. அருகில் வந்தபோது நிலாவின் நிறையீர்ப்புக்கு உட்பட்ட நீள்வட்டப் பாதையினுள் 3,69,326 கி.மீ. தொலைவில் நுழைந்தது. அடுத்த மூன்று வாரங் களுக்குள் அதன் நிலாத் தொலைவு படிப்படியாகக் குறைக்கப் பட்டது.

- ஆகஸ்ட் 17 அன்று நிலா உந்துவிசைக் கலனில் இருந்து பிரித்து விடப்பட்ட 'விக்ரம்' தரையிறங்கி, 153 கி.மீ. உயரத்தில் நிலவை நெருங்கி வட்டமடிக்கத் தொடங்கியது. தரையிறங்கியின் வேகத்தை மட்டுப்படுத்துவதற்கென 80 கிலோ தள்ளுவிசை யுடன் கூடிய நான்கு உந்து பொறிகளும் 5.8 கிலோ விசை தரும் எட்டு நுண்விசைப் பொறிகளும் எதிர்விசை தேவைக்கேற்ப இயக்குவிக்கப்பட்டன.

- இப்படியாக, விக்ரம் ஆகஸ்ட் 20 அன்று நிலவுக்கு அருகில் 25 கி.மீ. தொலைவிலும், 137 கி.மீ. தோற்றத்திலும் ஆன சிறு நீள் வட்டப்பாதைக்குத் 'தரையிறங்கிக் கலன்' கீழிறக்கப்பட்டது. தொடர்ந்து குறைக்கப்பட்ட நிலவின் 25 கி.மீ. உயரத்தில் தரையிறங்கியின் வேகம் வினாடிக்கு 1.68 கி.மீ. ஆகும். மணிக்கு ஏறத்தாழ 6,000 கி.மீ. என்றால் பாருங்களேன்.

- இந்த வேகத்தில் நிலவின் மேற்பரப்பில் கிடைமட்டமாகப் பறந்து கொண்டிருக்கிறது. அதனைத் தரையிறக்குவதற்கு ஏதுவாக, செங்குத்தான நிலைக்குத் திருப்பி நிமிர வைத்து, தொடர்ந்து அதே உயரத்திலிருந்து மெல்ல மெல்லச் சறுக்கிய படி 7.4.கி.மீ. - 6.3. கி.மீ. - 800 மீ. -150 மீ. - 60 மீட்டர் என உயரம் குறைத்து குறைத்துக் கீழிறக்க வேண்டும்.

- இதுவும் சவாலான கட்டம்தான். விக்ரம் தரையிறங்கியின் உயரம், வேகம், விசைமுடுக்கம் ஆகியவற்றைத் துல்லியமாக உடனுக்குடன் அறிந்து திசைக்கட்டுப்பாட்டுக் கருவிகளும், உந்து பொறிகளும், செயற்கை நுண்ணறிவுடன் இணைந்து, கண்ணிமைக்காமல் செயல்பட வேண்டும்.

- நிலவின் 10 மீட்டர் உயரத்தில் வந்திறங்கும் 4-5 நிமிடங்களில் அதன் வேகம் மட்டுப்படுத்தப்படும். அதாவது மூன்று மாடிக் கட்டட உயரத்தில் அந்தரத்தில் மிதந்தவாறே, கழுகுப் பார்வையில் கரடு முரடு இல்லாத தரையிறங்குதற்குப் பாது காப்பான நிலப்பரப்பை, லேசர் கருவி, படக்கருவி ஆகிய வற்றின் உதவியால் திறம்படக் கண்டறிய வேண்டும். தேர்வு செய்த இடத்தில் செங்குத்து நிலையில், மென்மையாக நொடிக்கு 2 மீட்டர் வேகத்தில் நிலவில் தரையிறங்க வேண்டும். அதாவது ஒருவர் தலையில் வைத்த பந்து நிலத்தில் விழும் நொடிப் பொழுதுக்குள் நிலா மண்ணில் காலூன்ற வேண்டும்.

- இங்குதான் கடந்த முறை சந்திரயான்-2 பயணத்தில் சிக்கல் ஏற்பட்டது என்று இந்திய விண்வெளி ஆய்வு நிறுவனம் தெரி வித்தது. இந்த முறை சந்திராயன்3 திட்டத்திற்கான செயல் முறை, கணினிவழி உருவகப்படுத்தல் ஆய்வுகளால் பரிசோதிக்கப்பட்டு நிருபிக்கப்பட்டுள்ளது.

- உந்துவிசைக் கலனின், சந்திரனைச் சுற்றி வந்தபடி அண்டவெளி யில் வேற்றுக்கிரகங்களிலும் வாழத்தகுந்த பூமி பற்றிய ஆராய்ச்சியும் மேற்கொள்ளும். ஏற்கெனவே 2019 ஜூலை 22 அன்று செலுத்தப்பட்டு, சந்திரனை இன்றைக்கும் ஆராய்ந்து

வரும் சந்திரயான்-2, நிலவைச் சுற்றியபடி பூமிக்குத் தகவல் அனுப்பும் மற்றொரு அஞ்சல் கூடமாகவே செயல்படும்.

- தரையிறங்கி, ஒரு நொடிக்கு ஒரு விரற்கடை அளவு வேகத்தில் ஊர்ந்து சென்று, நிலவில் ஒரு பகல் பொழுது அளவிற்கு, (ஏறத்தாழ 14 புவி நாட்கள்), அங்குள்ள மண்வளங்களையும், காற்றில்லாத அயனி மண்டலத்தையும் ஆராயும்.

- பூமிக்கு அண்டையில் ஏறத்தாழ மூன்றே முக்கால் லட்சம் கிலோமீட்டர் தொலைவில் 'இன்னொரு உலகம்' என்று சொல்லத்தக்க நிலையில் சந்திரனை நோக்கி, 1959 செப்டம்பர் 12 அன்று சோவியத் யூனியனால் ஏவப்பட்ட 'லூனா-2' விண்கலம், கிளம்பி 34 மணி நேரத்திற்குள் சந்திரனுக்கு நேரடி பாதையில் சென்று, அங்கு மோதி விழுந்தது. ஆயினும், ஒரு வகையில் அது, நிலவைத் தொட்ட முதல் விண்கலம் ஆகும்.

❖

13. தமிழக அரசு இஸ்ரோ விஞ்ஞானிகளை கௌரவித்தது

விண்வெளி துறையில் முத்திரை பதித்த தமிழகத்தை சேர்ந்த இஸ்ரோ விஞ்ஞானிகள் 9 பேரையும் கௌரவித்து, அரசு சார்பில் தலா ரூ.25 லட்சம் வழங்கப்படும். முதுநிலை பொறியியல் படிக்கும் 9 அரசுப் பள்ளி மாணவர்களுக்கு விஞ்ஞானிகளின் பெயரில் ஸ்காலர்ஷிப் வழங்க ரூ.10 கோடி தொகுப்பு நிதியம் உருவாக்கப்படும் என்று முதல்வர் ஸ்டாலின் அறிவித்துள்ளார்.

சென்னை கோட்டூர்புரத்தில் உள்ள அண்ணா நூற்றாண்டு நூலகத்தில், தமிழக உயர்கல்வித் துறை சார்பில் 'ஒளிரும் தமிழ்நாடு - மிளிரும் தமிழர்கள்' என்ற பெயரில், சாதனை படைத்த தமிழகத்தைச் சேர்ந்த விண்வெளி விஞ்ஞானிகளுக்கு பாராட்டு விழா நடை பெற்றது. முதல்வர் ஸ்டாலின் தலைமை வகித்தார்.

இதில், இந்திய விண்வெளி ஆய்வு நிறுவனத்தின் (இஸ்ரோ) முன்னாள் தலைவர் கே.சிவன், திட்ட இயக்குநர்கள் மயில்சாமி அண்ணாதுரை (சந்திரயான்-1), மு.வனிதா (சந்திரயான்-2), ப.வீர முத்துவேல் (சந்திரயான்-3), நிகார் ஷாஜி (ஆதித்யா-எல்1), திருவனந்தபுரம் திரவ உந்து அமைப்பு மையத்தின் இயக்குநர் வி.நாராயணன், ஸ்ரீஹரிகோட்டா சதீஷ் தவான் ஆய்வு மையத்தின்

இயக்குநர் ஏ.ராஜராஜன், பெங்களூரு யு.ஆர்.ராவ், செயற்கைக் கோள் மையத்தின் இயக்குநர் எம்.சங்கரன், மகேந்திரகிரி உந்துவிசை வளாக இயக்குநர் ஜெ.ஆசிர் பாக்கியராஜ் ஆகியோரை பாராட்டிய முதல்வர் ஸ்டாலின் அவர்களுக்கு நினைவு பரிசு வழங்கி கௌரவித்தார்.

விழாவில் முதல்வர் பேசியதாவது: நிலவை தொட்ட 4-வது நாடு என்ற பெருமையை இந்தியா பெற்றுள்ளது. மற்ற நாடுகளுக்கு இல்லாத சிறப்பாக, இதுவரை அறியப்படாத நிலவின் தென் துருவத்தை சந்திரயான்-3 தரையிறங்கி ஆராயத் தொடங்கியுள்ளது. அதன் திட்ட இயக்குநராக வீரமுத்துவேல் பணியாற்றியது நமக்கு பெருமை.

விருப்பு வெறுப்பற்ற அறிவியல் அறிவுதான் தமிழகத்தில் இருந்தது. அதுதான் பல அறிவியல் மேதைகளை உருவாக்கியுள்ளது. இங்கு கௌரவிக்கப்பட்டுள்ள 9 விஞ்ஞானிகளில் 6 பேர் அரசுப் பள்ளிகளில் படித்தவர்கள். குறிப்பாக 2 பேர் பெண்கள் என்பது பெருமைக்குரியது.

சந்திரயான்-1 திட்ட இயக்குநராக மயில்சாமி அண்ணாதுரை இருந்தார். கடந்த 2008 அக்.28-ம் தேதி அது நிலவை சுற்றியதும், நிலவில் நீர்க்கூறுகள் இருப்பதை கண்டறிந்து சொன்னது. சந்திரயான்-2 கடந்த 2019 ஜூலை 15-ம் தேதி ஏவப்பட்டது. இதன் திட்ட இயக்குநராக வனிதா செயல்பட்டார். இஸ்ரோ தலைவராக சிவன் இருந்தார். தற்போது ஏவப்பட்டுள்ள சந்திரயான்-3 திட்ட இயக்குநர் வீரமுத்துவேல். இவர்களால் தமிழகத்துக்கே பெருமை.

இதை போற்றும் விதமாக, இந்தியாவுக்கும், தமிழகத்துக்கும் பெருமை தேடித் தந்த, இனியும் தேடித் தரப்போகிற அறிவியல் மேதைகளான 9 பேருக்கும், தமிழக அரசு சார்பில் தலா ரூ.25 லட்சம் வழங்கப்படும். உங்கள் அறிவாற்றலுக்கு அளவுகோல் இல்லை. உங்கள் உழைப்புக்கான அங்கீகாரத்தின் அடையாளமாக தமிழக அரசு இதை வழங்குகிறது. இதை ஏற்றுக்கொண்டு, நாட்டுக்கு மேலும் மேலும் நீங்கள் பெருமை சேர்க்க வேண்டும்.

அரசுப் பள்ளி மாணவர்களுக்கான 7.5 சதவீத ஒதுக்கீட்டில், அரசின் கல்வி உதவித் தொகை பெற்று இளநிலை பொறியியல் முடித்து, முதுநிலை பொறியியல் படிப்பை தொடரும் 9 மாணவர்களுக்கு சாதனை விஞ்ஞானிகளின் பெயரில் கல்வி உதவித்தொகை

(ஸ்காலர்ஷிப்) வழங்க உள்ளோம். இதன் மூலம் கல்விக் கட்டணம், விடுதிக் கட்டணம் உள்ளிட்ட அனைத்து கட்டணங்களும் அவர்களுக்கு வழங்கப்படும். விஞ்ஞானிகள் தலைமையில் அமைக்கப்படும் குழுக்களால், தகுதி வாய்ந்த மாணவர்கள் தேர்வு செய்யப்படுவார்கள். இதற்காக ரூ.10 கோடியில் தொகுப்பு நிதியம் உருவாக்கப்படும். தற்போது நடந்து வரும் இந்த நிகழ்வை 58 லட்சம் பள்ளி, கல்லூரி மாணவர்கள் பார்க்க அரசு ஏற்பாடு செய்துள்ளது. இதை பார்க்கும் மாணவர்கள் தங்கள் அறிவியல் ஆர்வத்தையும், ஆளுமைத் திறனையும் வளர்த்துக் கொள்ள வேண்டும். மேடையில் உள்ள ஆளுமைகளை போன்ற அறிவியல் மேதைகள் இன்னும் பலர் உருவாகவேண்டும். அதுதான் இந்த அரசின் நோக்கம்.

இஸ்ரோ தலைவர் சோம்நாத் மற்றும் அனைத்து விஞ்ஞானிகளுக்கும் பாராட்டுகள். இவ்வாறு முதல்வர் பேசினார்.

விழாவில், சாய்ராம் கல்வி குழுமம் சார்பில், முதல்வர் ஸ்டாலினுக்கும், தங்கள் கல்லூரியில் படித்த சந்திரயான்-3 திட்ட இயக்குநர் வீரமுத்துவேலுக்கும் நினைவு பரிசு வழங்கப்பட்டது. விஞ்ஞானிகள் சார்பில் முதல்வருக்கு நினைவு பரிசை நாராயணன் வழங்கினார். துரைமுருகன் உள்ளிட்ட அமைச்சர்கள், சென்னை மேயர் பிரியா, தலைமைச் செயலர் சிவ்தாஸ் மீனா, உயர்கல்வித் துறை செயலர் கார்த்திக் உள்ளிட்டோர் பங்கேற்றனர்.

இஸ்ரோ (ISRO)

14. இஸ்ரோவுக்கு விருது

விண்வெளி ஆராய்ச்சியின் எல்லைகளை விரிவாக்கம் செய்வதில் இஸ்ரோவின் குறிப்பிடத்தக்க பங்களிப்பை அங்கீகரித்து இந்த விருது வழங்கப்பட்டுள்ளது.

2023-ம் ஆண்டு சந்தேகத்திற்கு இடமின்றி இந்திய விண்வெளி ஆராய்ச்சி மையம் சவால்களை எதிர்கொள்வதில் ஈடு இணையற்ற ஆற்றலையும், மீள்திறனையும் வெளிப்படுத்திய காலமாக வரலாற்றுப் புத்தகங்களில் பொறிக்கப்படும். 2023-ம் ஆண்டில் இஸ்ரோவின் சாதனைகளின் உச்சமாக, சந்திரயான் -3 நிலவின் அறியப்படாத தென் துருவப் பகுதியில் வெற்றிகரமாக மென்மையாக தரை யிறங்கியது.

இந்நிகழ்ச்சியில் பேசிய டாக்டர் ஜிதேந்திர சிங், சந்திரயான்-3 உள்நாட்டில் உருவாக்கப்பட்டதோடு, சுமார் ரூ.600 கோடி மதிப்பீட்டில் மிகக் குறைந்த செலவில் தயாரிக்கப்பட்டது என்றும் கூறினார்.

ஆதித்யா செலுத்தப்படுவதைக் காண 10,000-க்கும் மேற்பட்ட பார்வையாளர்கள், 1,000-க்கும் மேற்பட்ட ஊடகவியலாளர்கள்

மற்றும் ஏராளமான பொது மக்கள் வந்திருந்தனர், அதே எண்ணிக்கையில் சந்திரயான்-3 நிலவில் தரையிறங்கிய போதும் மக்கள் இருந்ததாக அவர் கூறினார்.

நான்கைந்து ஆண்டுகளுக்கு முன்பு, விண்வெளித் துறையில் ஒரே ஒரு புத்தொழில் நிறுவனம் மட்டுமே இருந்த நிலையில், தற்போது 190 தனியார் விண்வெளி புத்தொழில் நிறுவனங்கள் உள்ளதாக அவர் தெரிவித்தார்.

நடப்பு நிதியாண்டில் 2023 ஏப்ரல் முதல் டிசம்பர் வரை தனியார் விண்வெளி புத்தொழில் நிறுவனங்கள் ரூ.1,000 கோடிக்கு மேல் முதலீடு செய்துள்ளதாக அவர் கூறினார்.

2023-ம் ஆண்டிற்கான 'சிறந்த சாதனையாளர்' என்ற பிரிவில் 'ஆண்டின் சிறந்த சாதனையாளர்' விருதை இந்திய விண்வெளி ஆராய்ச்சி மையத்துக்கு (இஸ்ரோ), மத்திய அறிவியல், தொழில் நுட்பத் துறை (தனிப்பொறுப்பு) பிரதமர் அலுவலகம், பணியாளர், பொதுமக்கள் குறைகள், ஓய்வூதியம், அணுசக்தி மற்றும் விண்வெளித் துறை இணையமைச்சர் டாக்டர் ஜிதேந்திர சிங் வழங்கினார்.

தேசிய தொலைக்காட்சி சேனல் நிறுவிய இந்த விருதை இஸ்ரோ தலைவர் எஸ்.சோம்நாத், சந்திரயான் 3 திட்ட இயக்குநர் டாக்டர் பி.வீரமுத்துவேல் ஆகியோர் புதுதில்லியில் நடைபெற்ற விழாவில் பெற்றுக் கொண்டனர்.

❖

58 | இஸ்ரோ (ISRO)

15. ஃபால்கன் 9 ராக்கெட் மூலம் நுண்ணுயிரிகள் அனுப்பப்பட்டது

100க்கும் மேற்பட்ட சிறிய கணவா மீன்கள் மற்றும் 5,000-க்கும் மேற்பட்ட நுண் உயிரினங்களை கடந்த வியாழக்கிழமை சர்வதேச விண்வெளி நிலையத்திற்கு (ஐ.எஸ்.எஸ்) ஃபால்கன் 9 ராக்கெட் மூலம் அனுப்பியுள்ளது நாசா.

சோதனைகளுக்கான பிற உபகரணங்களுடன், இந்த உயிரினங்களும் ஃபால்கான் 9 ராக்கெட் மூலம் சர்வதேச விண்வெளி நிலையத்தை சென்றடையவிருக்கின்றன.

விண்வெளிப் பயணத்தின் விளைவுகளை விஞ்ஞானிகள் புரிந்து கொள்ள இந்த சோதனைகள் உதவும் என நம்பப்படுகிறது.

ஃபால்கன் 9 ராக்கெட் ஏவப்பட்டதை நாசா நேரடியாக ஒளி பரப்பியது.

நுண்ணுயிரிகளுக்கும், விலங்குகளுக்கும் விண்வெளிப் பயணத்தினால் ஏற்படும் நன்மை குறித்த ஆராய்ச்சியின் ஒரு பகுதியாக சிறிய கணவா மீன்கள் பயன்படுத்தப்பட்டு இருக்கின்றன.

கணவா மீன்கள் ஒரு பிரத்யேக நோய் எதிர்ப்பு மண்டலத்தைக்

கொண்டுள்ளது. இதன் நோய் எதிர்ப்பு மண்டலம் மனிதர்களின் நோய் எதிர்ப்பு மண்டலத்தை ஒத்துள்ளது.

விலங்குகளின் ஆரோக்கியம் தொடர்பான முக்கிய பிரச்சனை களை கணவா மீன்கள் தீர்க்க முடியும் என அவர் கூறினார்.

பூமிக்கு திரும்புவதற்கு முன்பு அவை உறைந்துவிடும்.

ஸ்பேஸ் எக்ஸ் ராக்கெட்டில் 5,000 நீர்கரடிகளும் பயணிக்கின்றன. இந்த நுண்ணுயிரி பெரும்பாலான உயிரினங்களை விட தீவிரமான சூழல்களில் வாழக் கூடியது.

எனவே மிக தீவிரமான சூழல்களில் உயிரினங்கள் எவ்வாறு தாக்கு பிடிக்கின்றன, எதிர்வினையாற்றுகின்றன என்பதைக் குறித்து ஆராய இந்த நுண்ணுயிரி சரியான தேர்வாக கருதப்படுகிறது.

விண்வெளியில் மனிதர்களைப் பாதிக்கும் மன அழுத்த காரணி களைப் புரிந்துகொள்ளக் கூட இந்த தகவலைப் பயன்படுத்தலாம் என நம்பப்படுகிறது.

"அந்த கடினமான சூழல்களில் நீர் கரடிகள் எவ்வாறு உயிர் வாழ் கின்றன, இனப்பெருக்கம் செய்கின்றன என்பதையும், அவைகளின் வாழ்க்கை முறையிலிருந்து எதையாவது கற்றுக் கொள்ள முடியுமா? விண்வெளி வீரர்களைப் பாதுகாக்க எதையாவது மாற்றியமைக்க முடியுமா? என்பதை தெரிந்து கொள்ள நாங்கள் மிகவும் ஆவலோடு உள்ளோம்" என பரிசோதனையின் முதன்மை புலனாய்வாளர் தாமஸ் பூத்பி கூறினார்.

இதுபோக, ரோபோ ஆயுதங்களை மெய்நிகர் தொழில்நுட்பத்தை பயன்படுத்தி தொலைதூரத்தில் இருந்து இயக்க முடியுமா எனவும் சோதனை செய்ய உள்ளனர். அது போக கடுமையான பருத்தி உற்பத்தியைக் குறித்தும் ஆய்வு செய்யவிருக்கிறார்கள்.

❖

16. உலகளவில் சவால்களை வெற்றி கண்ட இஸ்ரோ

சந்திரனின் தென் துருவத்தில் சந்திரயான் 3 வெற்றிகரமாக தரையிறங்கியதைத் தொடர்ந்து, இந்திய விண்வெளி ஆராய்ச்சி நிறுவனம் (இஸ்ரோ) மற்றொரு நினைவுச்சின்ன முன்னேற்றத்திற்கு தயாராக உள்ளது. ஸ்ரீஹரிகோட்டாவில் உள்ள சதீஷ் தவான் விண்வெளி மையத்தில் இருந்து, இஸ்ரோ ஆதித்யா-எல்1 மிஷன் விண்ணில் ஏவப்பட உள்ளது. இந்த வரலாற்றுப் பணியானது, சூரியனை முன்னோடியில்லாத வகையில் விரிவாக ஆய்வு செய் வதை நோக்கமாகக் கொண்டு, விண்வெளி அடிப்படையிலான சூரிய ஆய்வுக் கூடங்களில் இந்தியாவின் முதல் முயற்சியைக் குறிக்கிறது. இந்தியா இப்போது அமெரிக்கா, ரஷ்யா மற்றும் சீனாவுடன் இணைந்து வெற்றிகரமாக சந்திரனில் மென்மையான தரையிறக்கத்தை அடைய தேர்ந்தெடுக்கப்பட்ட சில நாடுகளில் ஒன்றாக நிற்பதால், விண்வெளி ஆய்வில் இந்தியா ஒரு தைரியமான பாதையை பட்டியலிடுகிறது என்பது தெளிவாகிறது.

ஆறு தசாப்தங்களில், இந்தியா விண்வெளி தொழில்நுட்பம் மற்றும் ஆய்வுகளில் உலகளாவிய முன்னணியில் வேகமாக உயர்ந்துள்ளது,

இஸ்ரோவுக்கு அதிக பெருமை சேர்க்கப்பட்டுள்ளது. 1962 ஆம் ஆண்டு டாக்டர். விக்ரம் சாராபாயின் தொலைநோக்கு வழிகாட்டுதலின்கீழ் இந்தப் பயணம் தொடங்கியது. இந்தத் திட்டம் தொடக்கத்தில் அணுசக்தித் துறையின் கீழ் வந்தது. இந்தியாவின் விண்வெளியின் முக்கிய நோக்கம், தேசிய முன்னேற்றத்திற்காக விண்வெளி தொழில்நுட்பத்தைப் பயன்படுத்துவதாகும், அதே நேரத்தில் விண்வெளியில் அறிவியல் ஆராய்ச்சியைத் தொடர்வது மற்றும் கிரக ஆய்வுகளில் ஈடுபடுவது.

இஸ்ரோவின் குறிப்பிடத்தக்க சாதனைகள் அந்த சாதனைகளுக்கு வாழும் சான்றாகும். புவி கண்காணிப்பு, தகவல் தொடர்பு, வழிசெலுத்தல், வானிலை மற்றும் விண்வெளி அறிவியல் போன்ற பல்வேறு களங்களை பூர்த்தி செய்யும் ஏவுகணை வாகனங்கள், உள்நாட்டு செயற்கைக்கோள்கள் மற்றும் தொடர்புடைய தொழில் நுட்பங்களின் வரிசையை இஸ்ரோவில் உள்ள பொறியாளர்கள் மற்றும் விஞ்ஞானிகள் உருவாக்கியுள்ளனர். முக்கிய மைல் கற்கள் இந்தியாவின் தொலைத்தொடர்பு, ஒளிபரப்பு, வானிலை மற்றும் தேடல் மற்றும் மீட்பு தேவைகளை பூர்த்தி செய்ய இந்திய தேசிய செயற்கைக்கோள் அமைப்பை (INSAT) உருவாக்குதல் மற்றும் தொடங்குதல் ஆகியவற்றை உள்ளடக்கியது. அதன் இயற்கை வளங்களை நிர்வகித்தல் மற்றும் துருவ செயற்கைக்கோள் ஏவுதல் வாகனத்தின் (PSLV) மேம்பாடு மற்றும் வரிசைப்படுத்தல் மற்றும் ஜியோசின்க்ரோனஸ் சாட்டிலைட் லாஞ்ச் வெஹிக்கிள் (GSLV) உள்நாட்டு மற்றும் சர்வதேச செயற்கைக்கோள்களை ஏவுவதற்கு உதவுகிறது.

இஸ்ரோவின் விருதுகள் விண்வெளி ஆய்வுக்கும் விரிவடைகின்றன, சந்திரனை ஆய்வு செய்வதற்கான சந்திரயான் பணிகள், 2013 இல் செவ்வாய் கிரக சுற்றுப்பாதை மிஷன் (மங்கள்யான்) - இந்தியாவின் தொடக்க கிரகங்களுக்கு இடையேயான பயணம் - மற்றும் 2015இல் ஆஸ்ட்ரோசாட்டின் துவக்கம் போன்ற சாதனைகள், நாட்டின் வானியல் துறையை முதன்முதலில் குறிக்கின்றன.

1920 களில் எஸ்.கே.மித்ரா, சி.வி. ராமன் மற்றும் மேகநாத் சாஹா

போன்ற பிரபலங்களால் மேற்கொள்ளப்பட்ட ஆய்வுகளில் இந்தியா தொடங்கிய விண்ணகப் பயணம் அதன் தோற்றத்தைக் கண்டறிகிறது. விக்ரம் சாராபாயின் வழிகாட்டுதலால் வழிநடத்தப் பட்ட 1963 ஆம் ஆண்டின் முதல் ராக்கெட் ஏவலில், இந்தியாவின் விண்வெளி ஓடிசியின் முறையான தொடக்க விழாவை 1960கள் கண்டன. இந்திய தேசிய விண்வெளி ஆராய்ச்சிக் குழுவின் (INCOSPAR) ஆரம்பம், Pt. ஜவஹர்லால் நேரு மற்றும் விக்ரம் சாரா பாய், இறுதியில் 1969 இல் இன்றைய இஸ்ரோவாக உருமாறியது.

அதன் வரலாற்று காலவரிசை மூலம், இஸ்ரோ பல தொழில் நுட்ப முன்னேற்றங்களை உருவாக்கியது மற்றும் உள்நாட்டு விண்வெளி நிறுவனங்களின் ஏவுதலைத் தொடங்கியது. ஹால் மார்க்ஸில் 1975 இல் ஆர்யபட்டாவின் முதல் விமானம் அடங்கும். இது இந்தியாவை விண்வெளிப் பயணம் செய்யும் நாடுகளின் வரிசையில் பொறித்தது; 1980 இல் ரோகினி செயற்கைக்கோள் (RS-1) அனுப்பப்பட்டது. இது போன்ற ஆறாவது தேசமாக இந்தியாவின் நிலைப்பாட்டை உறுதிப்படுத்தியது; மற்றும் 2008 இல் சந்திரயான் சந்திர முயற்சியின் மகத்தான வெற்றி (சந்திரனில் உள்ள நீர் மூலக்கூறு களைக் கண்டுபிடித்ததில் இந்தியாவின் சந்திரயான்-1 முக்கிய பங்கு வகித்தது போல). 2013 இல் மங்கள்யான் செவ்வாய் கிரகத்தை அடைந்த நான்காவது விண்வெளி நிறுவனமாக இஸ்ரோவின் அந்தஸ்தை மேலும் பலப்படுத்தியது.

1979 இல் SLV-3 ஏவுதல் மற்றும் 2017 இல் PSLV-C39 பயணத்தின் போது வெப்பக் கவசம் பிரிக்கப்பட்ட நிகழ்வுகளால் இடைப்பட்ட பின்னடைவுகள் இருந்தாலும், இந்தியாவின் பிரபஞ்சப் பயணம் விலைமதிப்பற்ற நுண்ணறிவு மற்றும் ஆழமான அறிவியல் கண்டு பிடிப்புகளின் களஞ்சியமாக உள்ளது. முந்தைய அரை நூற்றாண்டு, மனித விண்வெளிப் பயணங்களுக்கான இந்தியாவின் துணிச்சலான திட்டங்கள் மற்றும் விண்வெளி ஆய்வின் எல்லைகளை வளப்படுத்து வதற்கான தொடர்ச்சியான அர்ப்பணிப்புடன் இன்னும் உயர்ந்த சாதனைகளை விதைத்துள்ளது.

முன்னணி செலவு குறைந்த மற்றும் வெற்றிகரமான பணிகளின் நற்பெயருக்கு ஏற்றவாறு வாழ்கிறது

செலவு குறைந்த மற்றும் வெற்றிகரமான விண்வெளி நிறுவன மாக இஸ்ரோவின் புகழ் உலக அரங்கில் வரையறுக்கும் பண்பாக மாறியுள்ளது. புதுமை, சிக்கனம் மற்றும் துல்லியமான திட்டமிடல் ஆகியவற்றின் மூலோபாய கலவையின் மூலம், இஸ்ரோ தனது நோக்கங்களைச் சந்திக்கும் அதே நேரத்தில் மலிவு விலையில் தொடர்ந்து பணிகளைச் செய்கிறது.

இஸ்ரோவின் செலவு குறைந்த அணுகுமுறையின் மையமானது, மிஷன் வாழ்க்கைச் சுழற்சி முழுவதிலும் அதன் கவனத்தில் உள்ளது. கருத்து முதல் செயல்படுத்தல் வரை, ISRO பொறியாளர்கள் மற்றும் விஞ்ஞானிகள் வடிவமைப்புகளை மேம்படுத்துகின்றனர், செயல் முறைகளை நெறிப்படுத்துவது மற்றும் வளப் பயன்பாடு அதிகப் படுத்தப்படுகிறது, பட்ஜெட் கட்டுப்பாடுகளுக்கான பணி ஒருமைப் பாட்டை உறுதி செய்கிறது.

இஸ்ரோவின் செலவு-செயல்திறனின் முக்கிய அம்சம், உள்நாட்டில் தொழில்நுட்ப மேம்பாடு மற்றும் உள்கட்டமைப்பில் கவனம் செலுத்துவதாகும். உள்நாட்டுத் திறன் வளர்ப்பதன் மூலம், இஸ்ரோ வெளிப்புறச் சார்ந்திருப்பதைக் குறைக்கிறது, தொழில்நுட்பம் கையகப்படுத்துதல் மற்றும் உரிமம் வழங்குதல் ஆகியவற்றுடன் தொடர்புடைய செலவுகளைக் குறைக்கிறது, அதே நேரத்தில் குறிப்பிட்ட தேவைகளுக்கு தீர்வுகளை உருவாக்குகிறது.

இஸ்ரோவின் மட்டு வடிவமைப்பு தத்துவம் அதன் செலவு குறைந்த முறையின் மற்றொரு மூலக்கல்லாகும். பல்வேறு பணிகளுக்கு ஏற்றவாறு தரப்படுத்தப்பட்ட கூறுகள் மற்றும் அமைப்பு வளர்ச்சி நேரத்தையும் செலவுகளையும் குறைக்கின்றன. இந்த மாடுலாரிட்டி விரைவான அசெம்பிளி, ஒருங்கிணைப்பு மற்றும் சோதனை ஆகிய வற்றை செயல்படுத்துகிறது, பணி நோக்கங்களுக்கு விரைவான பதில்களை எளிதாக்குகிறது.

பிஎஸ்எல்வி போன்ற இஸ்ரோவின் ஒர்க்ஹார்ஸ் ஏவுகணைகள், செலவு-திறன் மற்றும் நம்பகத் தன்மைக்காக கொண்டாடப்படு

கின்றன. ஒரே நேரத்தில் பல பேலோடுகளை எடுத்துச் செல்லும் வகையில் உள்ளது, அவை வள பயன்பாட்டை மேம்படுத்துவதோடு குறைந்த வெளியீட்டுச் செலவுகளையும் செய்கின்றன.

இஸ்ரோவின் வெற்றிக்கு ஒத்துழைப்பு முக்கியமானது. கல்வி நிறுவனங்கள், ஆராய்ச்சி நிறுவனங்கள் மற்றும் தனியார் தொழில் துறை ஆகியவற்றுடன் இணைந்து பல்வேறு நிபுணத்துவம் மற்றும் வளங்களை மேம்படுத்துகிறது, புதுமை, அறிவு பரிமாற்றம் மற்றும் செலவு-பகிர்வு ஆகியவற்றை மேம்படுத்துகிறது.

சந்திரயான் மிஷன் 3 வெற்றி :

பாரம்பரியமாக, முந்தைய சந்திர பயணங்கள் அதன் சாதகமான நிலைமைகளின் காரணமாக பூமத்திய ரேகைப் பகுதியை நோக்கி ஈர்த்தன; இருப்பினும், சந்திரயான் மிஷன் 3 சந்திரனின் தென் துருவத்தின் வலிமையான நிலப்பரப்பில் செல்லத் துணிந்தது. இந்த கணக்கிடப்பட்ட தேர்வு குறிப்பிடத்தக்க முக்கியத்துவம் வாய்ந்தது. நிலவின் தென் துருவமானது பூமத்திய ரேகை விரிவுடன் ஒப்பிடுகை யில் முற்றிலும் வேறுபட்ட மற்றும் சவாலான நிலப்பரப்பை அறிமுகப்படுத்துகிறது. இந்த பிராந்தியத்தின் வரையறுக்கும் பண்பு

களில் ஒன்று சூரிய ஒளியின் பற்றாக்குறை ஆகும், இது எப்போதும் இருந்த மண்டலங்களின் இருப்புக்கு போதுமானதாக இருக்கும், அங்கு வெப்பநிலை வியக்கத்தக்க -230 டிகிரி செல்சியஸுக்கு வீழ்ச்சியடைகிறது. சூரிய ஒளி இல்லாதது மற்றும் இடைவிடாத குளிர் ஆகியவை அறிவியல் கருவிகளின் செயல்பாடு மற்றும் பணியின் ஒட்டுமொத்த நிலைத்தன்மைக்கு பெரும் சவால்களை ஏற்படுத்துகின்றன.

இந்த சவால்களுக்கு மத்தியில், சந்திர தென் துருவமானது விலை மதிப்பற்ற நுண்ணறிவுகளின் கவர்ச்சியைக் கொண்டுள்ளது. அதன் தீவிரமான மற்றும் மாறுபட்ட நிலைமைகள், மனித ஆய்வுக்கு இடையூறுகளை ஏற்படுத்தும் அதே நேரத்தில், ஆரம்பகால சூரிய குடும்பத்தைப் பற்றிய தனித்துவமான தகவல்களின் களஞ்சியமாக வும் இது அமைகிறது. இப்பகுதியின் கரடுமுரடான மேற்பரப்பு மற்றும் சாத்தியமான வளங்கள் அதன் வரலாறு மற்றும் பரிணாமத்தின் மர்மங்களை அவிழ்க்க விஞ்ஞானிகள் மற்றும் ஆராய்ச்சியாளர் களை அழைக்கின்றன, இது பிரபஞ்சத்தைப் பற்றிய நமது புரிதலை மாற்றியமைக்க முடியும். இந்த பணியிலிருந்து பெறப்பட்ட விலைமதிப்பற்ற தரவு மற்றும் அனுபவங்கள் பூமிக்கு அப்பாற்பட்ட மனிதகுலத்தின் லட்சியங்களுக்கு ஆழமான தாக்கங்களை ஏற்படுத்தும், இது பிரபஞ்சத்திற்கு செல்ல தேவையான உத்திகள் மற்றும் தொழில்நுட்பங்களை வழிநடத்துகிறது.

சந்திரயான் மிஷன் 3 இந்த சவாலான சாம்ராஜ்யத்தில் வெற்றிகர மாக நுழைந்தபோது, இந்தியாவின் முந்தைய சந்திர பயணங்களான சந்திரயான்-1 மற்றும் சந்திரயான்-2 ஆகியவற்றால் அமைக்கப்பட்ட அடித்தளத்தின் மீது கட்டப்பட்டது.

சந்திரயான்-1, 2008 இல் ஏவப்பட்டது, இது இந்தியாவின் தொடக்க சந்திர ஆய்வுப் பணியைக் குறித்தது. இது சந்திர மேற்பரப்பின் சிக்க லான முப்பரிமாண வரைபடத்தை உருவாக்குவதற்கும் கனிமவியல் வரைபடத்தில் ஈடுபடுவதற்கும் புறக்கணிக்கப்பட்டது. பிஎஸ்எல்வி-சி11 ஏவுகணை மூலம் செயல்படுத்தப்பட்ட சந்திரயான்-1, நிலவின் நிலப்பரப்பில் நீர் மற்றும் ஹைட்ராக்சைலைக் கண்டறிவது உட்பட குறிப்பிடத்தக்க முன்னேற்றங்களை அளித்தது.

சந்திரயான்-2, அதன் ஆர்பிட்டர், லேண்டர் மற்றும் ரோவர் ஆகியவற்றால் வகைப்படுத்தப்படுகிறது, சந்திரனின் தென் துருவத்தை ஆராயும் பணியைத் தொடங்கியது. GSLV MkIII- M1 ஏவுகணை அதன் பயணத்தை எளிதாக்கியது. லேண்டர் மற்றும் ரோவர் தரையிறங்கும் விபத்தின் மூலம் ஓரளவு வெற்றியை அனுபவித்தபோது, ஆர்பிட்டர் அந்த பணியை அற்புதமாக நிறைவேற்றியது. ஆர்பிட்டரின் தரவு சேகரிப்பு பல்வேறு அட்சரேகைகளில் நீர் கையொப்பங்கள் இருப்பதை வெளிப்படுத்தியது, நிலவின் கலவை மற்றும் சாத்தியம் பற்றிய நமது புரிதலின் அடிப்படையில் மாற்றப்பட்டது.

விண்வெளி ஆராய்ச்சியில் இந்தியாவின் வாய்ப்புகள் பிரகாசமாக பிரகாசிக்கின்றன, வரவிருக்கும் பணிகள் மற்றும் ஒத்துழைப்புகளின் வரிசை உலக அரங்கில் நாட்டின் நிலையை உயர்த்த தயாராக உள்ளது. ஆதித்யா எல்1 மிஷன் மற்றும் ககன்யான் மிஷன் ஆகியவை சிறப்பு முக்கியத்துவம் வாய்ந்த இரண்டு பணிகள்.

சூரியனை ஆய்வு செய்வதற்கான இந்தியாவின் தொடக்க விண்வெளி அடிப்படையிலான முயற்சியாக ஆதித்யா எல்1 மிஷன் பெரும் முக்கியத்துவத்தைக் கொண்டுள்ளது. பூமியில் இருந்து சுமார் 1.5

மில்லியன் கி.மீ தொலைவில் உள்ள சூரியன்-பூமி அமைப்பின் லாக்ரேஞ்ச் புள்ளி 1 (L1) இல் நிலைநிறுத்தப்பட்ட இந்த விண்கலம், சூரியனை கிரகணங்கள் இல்லாமல் தொடர்ந்து கண்காணிக்கும் வகையில் ஒரு ஒளிவட்ட சுற்றுப்பாதையில் அமைந்திருக்கும். இந்த தனித்துவமான சூரிய செயல்பாடுகளை நிகழ்நேர கண்காணிப்பு மற்றும் விண்வெளி வானிலை மீது அதன் பார்வை புள்ளிகள் செயல் படுத்துகிறது. ஆதித்யா எல்1 சூரியனின் ஒளிக்கோளம், குரோமோ ஸ்பியர் மற்றும் கரோனாவை ஆய்வு செய்த ஏழு பேலோடுகளை எடுத்துச் செல்கிறது, மின்காந்த, துகள் மற்றும் காந்தப்புல கண்டு பிடிப்பாளர்களைப் பயன்படுத்துகிறது. கரோனல் வெப்பமாக்கல், கரோனல் வெகுஜன வெளியேற்றங்கள், சூரிய எரிப்புகள் மற்றும் பிற சூரியன்கள் பற்றிய முக்கியமான நுண்ணறிவுகளை மிஷனின் பேலோட் வழங்கும் என்று எதிர்பார்க்கப்படுகிறது, இது சூரியனின் இயக்கவியல் மற்றும் அவற்றின் தாக்கங்கள் பற்றிய நமது புரிதலை மேம்படுத்துகிறது.

மனிதர்களை விண்வெளிக்கு அனுப்பும் இந்தியாவின் லட்சிய முயற்சியை ககன்யான் பணி குறிக்கிறது. க்ரூ மாட்யூல் (சிஎம்) மற்றும் சர்வீஸ் மாட்யூல் (எஸ்எம்) ஆகியவற்றை உள்ளடக்கிய ஆர்பிட்டல் மாட்யூலில் (ஓஎம்), அதிநவீன ஏவியோனிக்ஸ் அமைப்புகள் மற்றும் புதுமையான பொறியியல் தீர்வுகள் மூலம் மனித பாதுகாப்பிற்கு முன்னுரிமை அளிக்கிறது. விண்வெளியில் மனிதர்கள் வசிக்கும் வகையில் CM, பயணத்தின் போது விண்வெளி வீரர்களுக்கு பாதுகாப்பான சூழலை உறுதி செய்கிறது, அதே SM CM இன் இயக்கத்தை ஆதரிக்கிறது. பெங்களூரில் உள்ள விண்வெளி வீரர் பயிற்சி வசதி, கல்வி, உடல் தகுதி மற்றும் உருவகப்படுத்துதல் அடிப்படையிலான பயிற்சி போன்றவற்றை உள்ளடக்கிய முழுமை யான தயாரிப்புக்கான இந்தியாவின் அர்ப்பணிப்புக்கு சான்றாகும்.

இந்த பணிகளுக்கு கூடுதலாக, வரவிருக்கும் முயற்சிகளின் வரிசை உள்ளது. சந்திர துருவ ஆய்வு (LUPEX) பணி, ISRO மற்றும் JAXA (ஜப்பான்) ஆகியவற்றின் கூட்டு முயற்சியானது, நிரந்தரமாக நிழலாடிய பகுதிகளில் கவனம் செலுத்தி, சந்திர துருவப் பகுதிகளை

ஆராய்வதற்காக அமைக்கப்பட்டுள்ளது. X-ray Polarimeter Satellite (XPoSat) மற்றும் NASA-ISRO SAR (NISAR) ஆகியவை பூமியின் கண்காணிப்பு மற்றும் மனித விண்வெளிப் பயண முயற்சிகளுக்கு பங்களிக்கும். கூடுதலாக, சுக்ராயன் 1, வீனஸ் பயணமானது, நமது அண்டை கிரகத்தின் ரகசியங்களை வெளிப்படுத்துவதாக உறுதி யளிக்கிறது.

சர்வதேச விண்வெளி நிறுவனங்களுடனான ஒத்துழைப்பு, விண்வெளி ஆய்வுக்கான இந்தியாவின் அணுகுமுறையின் ஒரு அடையாள மாகும். இந்த ஒத்துழைப்புகள் அறிவுப் பரிமாற்றம், வளப் பகிர்வு மற்றும் மனிதகுலத்தின் ஆய்வுத் தொடுவானத்தின் விரிவாக்கம் ஆகியவற்றை மேம்படுத்துகிறது. மற்ற நாடுகளுடன் கூட்டு சேர் வதன் மூலம், உலகளாவிய அறிவியல் முன்னேற்றத்திற்கு இந்தியா முக்கிய பங்களிப்பாளராக தனது பங்கை உறுதிப்படுத்துகிறது.

நாம் எதிர்காலத்தைப் பார்க்கும்போது, வாக்குறுதிகளால் நிறைந் துள்ளன. ஆதித்யா எல்1 மற்றும் ககன்யான் போன்ற வரவிருக்கும் பணிகள், பிரபஞ்சத்தைப் பற்றிய நமது புரிதலை மறுவடிவமைக்க வும், தொழில்நுட்ப திறன்களை மேம்படுத்தவும், விண்வெளி ஆய்வுத் துறையில் இந்தியாவின் முக்கிய இடத்தை உறுதிப்படுத்தவும் திறனைக் கொண்டுள்ளது. சந்திரயான் மிஷன் 3 இன் வெற்றியின் மரபு இந்த முயற்சியால் எதிரொலிக்கிறது, இந்தியாவை இன்னும் பெரிய சாதனைகளை நோக்கி உந்தித் தள்ளுகிறது மற்றும் எல்லைகள், சித்தாந்தங்கள் மற்றும் நமது நிலப்பரப்பின் எல்லைகளைக் கடந்து ஒத்துழைப்பை வளர்க்கிறது.

❖

17. கைலாசவடிவு சிவன்

கைலாசவடிவு சிவன் என்பவர் இந்திய விண்வெளித் துறையின் அறிவியலாளர் ஆவார். விக்ரம் சாராபாய் விண்வெளி நடுவத்தின் இயக்குநராக 2015 ஆம் ஆண்டு சூன் முதல் நாளிலிருந்து பொறுப் பேற்றுள்ளார். பி.எஸ்.எல்.வி திட்டத்தில் முக்கியப் பணி ஆற்றினார். கடந்த 33 ஆண்டுகளாக இந்தியாவிலிருந்து ஏவப்பட்ட செயற்கைக் கோள்களில் சிவனின் பங்களிப்பு இருந்தது. ராக்கட்டின் அமைப்பு தொடர்பாக சித்தாரா என்னும் பெயரில் மென்பொருளை உருவாக்கினார். இந்திய விண்வெளி ஆய்வு மையத்தின் தலைவராக 2018 சனவரி 12 ஆம் தேதியில் பதவியேற்றார்.

சிவனின் சொந்த ஊர் நாகர்கோவிலுக்கு அண்மையில் உள்ள வல்லங்குமாரவிளை என்னும் சிற்றூர் ஆகும். தமிழ் வழியில் பள்ளிக் கல்வியை கற்ற இவர் கணினியில் இளம் அறிவியல் பட்டமும், பின்னர் சென்னையில் உள்ள எம்.ஐ.டி.யில் ஏரோநாட்டிகல் பொறியியலும் படித்தார். பெங்களூரில் இந்தியன் அறிவியல் நிறுவனத்தில் முதுஅறிவியல் பட்டம் பெற்றார். 2006 ஆம் ஆண்டில் மும்பை இந்திய தொழில்நுட்பக் கழகத்தில் விண்வெளிப் பொறி

யியலில் முனைவர் பட்டம் பெற்றார். 1982 ஆம் ஆண்டில் இந்திய விண்வெளி ஆராய்ச்சி நிறுவனத்தில் முதன்முதலாகப் பணியில் சேர்ந்தார்.

விருதுகள்

- ஸ்ரீ ஹரி ஓம் அசிரம் பிரடிட் டாக்டர் விக்ரம் சாரா பாய் ஆய்வு விருது *(1999)*
- இந்திய விண்வெளி ஆய்வு நிறுவனம் மெரிட் விருது *(2007)*
- டாக்டர் பிரன் ராய் விண்வெளி அறிவியல் விருது *(2011)*
- மதிப்புமிகு அலும்னஸ் விருது (எம்.ஐ.தி. அலும்னஸ் கழகம்) *(2013)*
- சத்தியபாமா பல்கலைக் கழக அறிவியல் முனைவர் விருது *(2014)*
- ஆனந்த விகடன் 'டாப் 10' மனிதர்கள் விருது *(2016)*
- அப்துல் கலாம் விருது (தமிழக அரசால் வழங்கப்படும் விருது)

நாராயணன் சீனிவாசன்

நாராயணன் சீனிவாசன் இந்தியாவின் அணு விஞ்ஞானியாக வும், இந்திரா காந்தி அணு ஆராய்ச்சி மையத்தின் நிறுவனர் திட்ட இயக்குநராகவும் இருந்தவராவார். 1930 ஆம் ஆண்டு பிறந்த இவர் 2014 ஆம் ஆண்டுவரை வாழ்ந்தார். இந்தியாவின் அணுசக்தி திட்டத்தின் முன்னோடிகளில் ஒருவரான இவர், டிராம்பேயில் உள்ள புளூட்டோனியம் தொழிற்சாலைக்கான வடிவமைப்பு பொறியாளராகப் பணியாற்றினார்.

கல்பாக்கத்தில் உள்ள இந்திரா காந்தி அணு ஆராய்ச்சி மையத்தில் அப்போதைய அணு உலை ஆராய்ச்சி மையத்தின் திட்ட இயக்குந ராக இருந்தார். கனநீர் வாரியம் மற்றும் அணு எரிபொருள் வளாகம் ஆகிய அமைப்புகளின் தலைமை நிர்வாகியாகயும் இருந்துள்ளார். 1982ஆம் ஆண்டு முதல் 1987 ஆம் ஆண்டு வரை இந்திய அணுசக்தி ஆணையத்தில் பணிபுரிந்தார்.

இந்திய அரசு இவருக்கு 2003 ஆம் ஆண்டு மூன்றாவது மிக உயர்ந்த குடிமகன் விருதான பத்ம பூசண் விருதை வழங்கி சிறப்பித்தது. 2009ஆம் ஆண்டு அணுசக்தி துறையின் வாழ்நாள் சாதனையாளர் விருதும் இவருக்கு வழங்கப்பட்டது. சீனிவாசன் 2014 ஆம் ஆண்டு சென்னையில் மே மாதம் 18 அன்று தனது 84 வயதில் இறந்தார்.

**18. இன்சாட் எனும்
இந்திய தேசிய செயற்கைக்கோள்**

இன்சாட் அல்லது இந்திய தேசிய செயற்கைக்கோள் தொகுதி என்பது இந்தியாவின் இஸ்ரோவினால் அனுப்பப்பட்ட பலநோக்குத் திட்ட பூகோள செயற்கைக்கோள்கள் ஆகும். தொலைத்தொடர்பு, ஒளிபரப்பு, வானிலை, மற்றும் தேடல் மற்றும் மீட்பு நடவடிக்கை தேவைகளை நிறைவு செய்வதற்காக இவ்வகை இன்சாட் செயற்கைக்கோள்கள் அனுப்பப்பட்டன. 1983ல் ஆரம்பிக்கப்பட்ட இன்சாட் திட்டமானது ஆசிய-பசிபிக் பிராந்தியத்தில் உருவாக்கப் பட்ட மிகப்பெரிய உள்நாட்டு தகவல் தொடர்பு அமைப்பு ஆகும். இது விண்வெளி துறை, தொலைத்தொடர்பு துறை, இந்திய வானிலை ஆய்வுத் துறை, அகில இந்திய வானொலி மற்றும் தூர்தர்ஷன் ஆகியவற்றின் கூட்டு முயற்சியாகும். செயலாளர் மட்டத்தில் அமைந்த இன்சாட் ஒருங்கிணைப்பு குழு, இன்சாட் அமைப்பின் ஒட்டுமொத்த ஒருங்கிணைப்பு மற்றும் மேலாண்மையை நிர்வகிக் கிறது.

இந்தியாவின் தொலைத்தொடர்பு மற்றும் தொலைக்காட்சி ஒளி பரப்புப் பயன்பாடுகளுக்கான அலைவாங்கிப் பரப்பிகளை (சி. எசு,

நீட்டித்த சி மற்றும் கேயு வரிசை) இன்சாட் செயற்கைக் கோள்கள் வழங்குகின்றன. சில செயற்கைக்கோள்களில் மீவுயர் தெளிதிறன் நுண்கதிர் வெப்ப அளவி மற்றும் வானிலையியல் மாற்றங்களைக் காட்சிப்படுத்த உதவும் சிசிடி புகைப்படக் கருவிகளும் பொருத்தப் பட்டு பயன்படுத்தப்படுகின்றன. தெற்காசிய மற்றும் இந்திய பெருங்கடல் பகுதியில் உருவாகும் இடர்பாடுகளை கண்டறிந்து எச்சரிக்கும் சமிக்ஞைகளை வாங்கிக் கொள்ளும் அலைவாங்கி பரப்பிகளும் இன்சாட் செயற்கைக்கோள்களில் இணைக்கப் பட்டுள்ளன. அனைத்துலக இடர்பாடுகள் கண்டறிந்து எச்சரிக்கும் தகவல் தொடர்பு அமைப்பில் (Cospas-Sarsat) இந்திய விண்வெளி ஆராய்ச்சி நிறுவனமும் ஒரு உறுப்பினர் ஆகும்.

இன்சாட் அமைப்பு

இந்திய தேசிய செயற்கைக்கோள் அமைப்பு 1983 ஆம் ஆண்டு ஆகஸ்ட் மாதம் இன்சாட்-1B செயற்கைக்கோள் ஏவுதலுடன் ஆரம்பிக்கப்பட்டது. 1982 ல் அனுப்பப்பட்ட இன்சாட்-1A ஆனது தோல்வியில் முடிந்தது. இன்சாட் அமைப்பு செயற்கைக்கோள் களானது இந்தியாவில் தொலைக்காட்சி, வானொலி, தொலைத் தொடர்பு மற்றும் வானிலை ஆராய்ச்சி துறைகளில் மிகப்பெரிய புரட்சியையே ஏற்படுத்தியது எனலாம். இது தொலைக்காட்சி மற்றும் தொலைத்தொடர்பு அமைப்புகளின் அசுர வளர்ச்சிக்கு வித்திட்டது எனலாம். கல்பனா-1 ஆனது வானிலைக்காக மட்டும் தனியே அனுப்பப்பட்ட செயற்கைக்கோள் ஆகும். ஹசன் மற்றும் போபாலில் உள்ள கட்டுப்பாட்டு அறைகளின் மூலம் இன்சாட் செயற்கைக்கோள்கள் கட்டுப்படுத்தப்படுகின்றன. தற்போது 21ல் 11 செயற்கைக்கோள்கள் இயக்கத்தில் உள்ளன.

இந்திய விண்வெளித் தொழில்நுட்ப கல்லூரி (Indian Institute of Space Science and Technology) இந்திய விண்வெளித் துறையின் கட்டுப் பாட்டில் இயங்கும் நிகர்நிலைப் பல்கலைக்கழகமாகும். இது உலகில் முதன்முறையாக விண்வெளித்துறை சார்ந்த கல்விக்கென்று உருவாக்கப்பட்டுள்ள கல்லூரியாகும். இந்த கல்லூரி தொடங்க 26 ஏப்ரல், 2007 ஆம் ஆண்டு மத்திய அமைச்சரவை ஒப்புதல் அளித்தது.

முன்னாள் விண்வெளித் துறை தலைவர் மாதவன் நாயர் இதனை 14 செப்டம்பர், 2007 அன்று தொடங்கி வைத்தார். தொடங்கி ஓராண்டுக்குள் இது நிகர் நிலைக்கல்லூரியாக தரம் உயர்த்தப் பட்டுள்ளது. இக்கல்லூரியில் பயிலும் மாணவர்களுக்கு இந்திய விண்வெளித்துறையில் பணிபுரிய வாய்ப்பு வழங்கப்படும். இக்கல்லூரியின் துணைவேந்தராக அப்துல் கலாம் உள்ளார்.

இளங்கலைப்பட்டப் படிப்பு :

- கட்டுப்பாட்டு அமைப்பு
- கணினி
- டிஜிட்டல் எலக்ட்ரானிக்ஸ்
- தொடர்புகள்
- உற்பத்தி
- ஏரோநாட்டிக்ஸ்
- கட்டமைப்பு வடிவமைப்பு மற்றும் பகுப்பாய்வு
- வெப்ப மற்றும் உந்துவிசை பகுதிகள்
- பூமி மற்றும் விண்வெளி அமைப்புகள்
- வானியற்பியல் மற்றும் கிரக அறிவியல்
- ரிமோட் சென்சிங்
- இரசாயன அமைப்பு

முதுநிலை பட்டப்படிப்பு :

- அப்ளைடு மற்றும் அடாப்டிவ் ஆப்டிக்ஸ்
- மென்மையான கணினி மற்றும் இயந்திர கற்றல்
- RF மற்றும் மைக்ரோ சிஸ்டம்ஸ்
- இரசாயன அமைப்பு

❖

19. சதீஷ் தவான் விண்வெளி ஆய்வு மையம்

சதீஷ் தவான் விண்வெளி ஆய்வு மையம் இந்திய விண்வெளி ஆராய்ச்சி நிறுவனத்தின் (இஸ்ரோ) ஏவுதளமாகும். அது ஆந்திர பிரதேசம் மாநிலத்தில், சென்னைக்கு 80 கி.மீ. (50 மைல்) வடக்கே அமைந்துள்ள ஸ்ரீஹரிக்கோட்டை நகரத்தில் உள்ளது. இது முதலில் ஸ்ரீஹரிக்கோட்டை அதி உயர வீச்சு (Sriharikota High Altitude Range (SHAR) என அழைக்கப்பட்டது, மற்றும் சில ராக்கெட் ஏவுதல் வீச்சு எனவும் அறியப்பட்டது. இவ்விடம் இஸ்ரோவின் முன்னாள் தலைவர் சதீஷ் தவான் 2002 ஆம் ஆண்டில் இறந்த பிறகு அதன் தற்போதைய பெயருக்கு மாற்றம் செய்யப்பட்டது. இந்த பெயர் மாற்றங் களுக்குப் பிறகும் ஷார் (SHAR) எனவும் அழைக்கப்படுகின்றது.

இவ்விடம் 1971 ஆம் ஆண்டில் ஒரு RH-125 ஒலி ராக்கெட் ஏவப்பட்டபோது செயல்படத் துவங்கியது. ஒரு கோளப்பாதை செயற்கைக்கோளை ஏவுவதன் முதல் முயற்சியாக 10 ஆகஸ்ட் 1979 அன்று, ஒரு செயற்கைக்கோள் வாகன விமானத்தில் ரோஹிணி 1A ஏவப்பட்டது. ஆனால் ராக்கெட்டின் இரண்டாவது கட்டத்தின் உந்துதல் வெக்டாரிங்கில் ஒரு செயலிழப்பின் காரணமாக,

செயற்கைக்கோளின் சுற்றுப்பாதை வீழ்ச்சியடைந்தது.

ஷார் வசதி இப்போது சமீபத்தில் கட்டப்பட்ட இரண்டாவது ஏவுமிடத்தையும் சேர்த்து, இரண்டு ஏவுமிடங்களை கொண்டுள்ளது. இரண்டாவது ஏவுமிடம் 2005 இன் தொடக்கத்திலிருந்து ஏவப்பட்ட வாகனங்களுக்கு பயன்படுத்தப்படுகின்றது. மேலும் இந்த ஏவுமிடம் இஸ்ரோவால் பயன்படுத்தப்படும் அனைத்து ஏவு வாகனங் கலத்திற்கும் பயன்படுத்தப்படக்கூடிய, ஒரு உலகளாவிய ஏவுமிட மாக உள்ளது. இவ்விரண்டு ஏவுமிடங்களும், இதற்குமுன் முடியாத, ஒரு வருடத்தில் பல ஏவுதல்களுக்கு பயன்படுத்த முடியும். இந்தியா வின் சந்திர கலமான சந்திரயான் 1, 22 அக்டோபர் 2008 அன்று, இந்திய மணிப்படி காலை 6:22 மணிக்கு இவ்விடத்திலிருந்து ஏவப்பட்டது.

ஷார் இந்தியாவின் மனித விண்வெளி திட்டத்தின் முக்கிய தளமாக இருக்கும். ஒரு புதிய மூன்றாவது ஏவுதளம் 2015 ஆம் ஆண்டில், மனித விண்வெளி பயண இலக்கை சந்திக்க, குறிப்பாக கட்டப்பட உள்ளது.

சதீஷ் தவான் விண்வெளி மையம் (ஷார்) உள்ள ஷீஹரிகோட்டா, ஆந்திர பிரதேசம் கிழக்கு கடற்கரையிலுள்ள ஒரு சுழல் வடிவ தீவாகும். ஆந்திர பிரதேசம் & தமிழ்நாடு மையப்புள்ளியிலுள்ள, சென்னை வடக்கே சுமார் 70 கி.மீ. (43 மைல்) தொலைவில் , ஒரு வளரும் செயற்கைக்கோள் நகரமான ஷீசிட்டி (Sricity) அருகில்,ன்4தி இந்திய விண்வெளித்தளமான ஷீஹரிகோட்டா உள்ளது. இந்த தீவு, ஒரு செயற்கைக்கோள் செலுத்து நிலையம் அமைக்க 1969 இல் தேர்வு செய்யப்பட்டது. பல்வேறு பயணங்களுக்கான ஒரு நல்ல துவக்க திசைக்கோணம், கிழக்கு நோக்கிய ஏவுதல்களுக்கு பூமியின் சுழற்சியின் சாதகம், மத்திய கோட்டிற்கு நெருக்கம், மற்றும் பெரிய குடியேற்றமல்லாத பாதுகாப்பு மண்டலம் போன்ற அம்சங்கள் அனைத்தும் பிரபலமாக 'ஷார்' எனப்படும் ஸ்ரீஹரிகோட்டா வீச்சை, ஒரு சிறந்த விண்வெளித்தளமாக ஆக்குகின்றன. சென்னை மற்றும் கொல்கத்தாவை இணைக்கும் தேசிய நெடுஞ்சாலையில் ஆந்திர பிரதேசத்தில், நெல்லூர் மாவட்டத்தில் ஒரு பெரிய

நகரமான நாய்டுபெட்டிலிரிந்து, புலிகாட்டு ஏரி குறுக்கே அமைக்கப் பட்டுள்ள சாலையில் கிழக்கு நோக்கி ஒரு 20 நிமிட பயணம் ஷீஹரிகோட்டாவிற்கு எடுத்துச் செல்லும். ஷார், இஸ்ரோ முன்னாள் தலைவரான பேராசிரியர் சதீஷ் தவானின் நினைவாக, 'சதீஷ் தவான் விண்வெளி மையம்' (Satish Dhawan Space Centre, SDSC) என 5 செப்டம்பர் 2002 அன்று பெயரிடப்பட்டது.

ஷார் மொத்தம் கடற்கரையில் 27 கி.மீ. (17 மைல்) நீளத்தையும் சுமார் 145 சதுர கிமீ (56 சதுர மைல்) பகுதியை உள்ளடக்குகின்றது. இந்திய அரசு இஸ்ரோ விற்கு கையகப்படுத்துவதற்கு முன்னர், அவ்விடம் யூக்கலிப்டஸ் மற்றும் சவுக்கு மரங்களின் ஒரு விறகு தோட்டமாக இருந்தது. இந்த தீவு இரண்டு தென்மேற்கு மற்றும் வடகிழக்கு பருவக்காற்றாலும் பாதிக்கப்பட்டாலும், பலத்த மழை அக்டோபர் மற்றும் நவம்பர் மாதங்களில் மட்டுமே பெய்கின்றன. இதனால் பல தெளிவான வானிலை கொண்ட நாட்கள் வெளிப்புற நிலைபடுத்தப்பட்ட சோதனைகள் மற்றும் ஏவுதல்களுக்கு கிடைக்கும்.

ஏவுதல் வரலாறு

முதலில் ஷார் எனப்பட்ட பின்னர் சதீஷ் தவான் நினைவில் பெயரிடப்பட்ட இவ்விடம், இந்நாள் வரை இந்தியாவின் முதன்மை யான கோளப்பாதை ஏவுதளமாக உள்ளது. 9 அக்டோபர் 1971

அன்று நடந்த, சிறிய ஒலி விண்கலமான 'ரோஹிணி-125' இன் முதல் விமானம்-சோதனை, ஷார் இல் இருந்து முதல் விண்வெளி பயண மாகும். அதற்கு பின்னர் தொழில்நுட்ப, கணிப்பியல் மற்றும் நிர்வாக உட்கட்டமைப்பு மேம்பட்டுள்ளன. வடக்கு பலாசோர் விண்கல ஏவு நிலையமத்துடன் இணைந்து, இவ்வசதிகள் ஷார் இல் தலைமையிடத்தை கொண்டுள்ள இஸ்ரோ வீச்சு வளாகத்தின் கீழ் இயக்கப்படுகின்றன.

வசதிகள்

இந்த மையம் இரண்டு செயல்படும் விண்கலம் ஏவுமிடங்களை கொண்டுள்ளது. ஷார் இஸ்ரோவின் செயற்கைக்கோள் செலுத்தும் தளமாக உள்ளது. மேலும் கூடுதலாக ரோஹிணி ஒலி ஏவுகணை களை முழு அளவில் சோதனை செய்யும் வசதிகளையும் வழங்கு கிறது. வாகன ஒன்று சேர்த்தல், அசைவற்ற சோதனை மற்றும் மதிப்பீட்டு வளாகம் மற்றும் திட செலுத்து ஊக்கப் பொருள் ஆலை (SPROB) ஆகியவை, திட மோட்டார்களை வார்ப்பதற்கு மற்றும் சோதனை செய்யும் பொருட்டு ஷார் இல் அமைந்துள்ளது. மேலும் இத்தளத்தில், ஒரு தொலைப்பதிவு கண்காணிப்பு மற்றும் கட்டுப் பாட்டு மையமும், மேலாண்மை சேவை பிரிவும், ஸ்ரீஹரிகோட்டா பொது வசதிகளையும் கொண்டுள்ளது. பிஸ்ல்வி ஏவுதல் வளாகம் 1990 ஆம் ஆண்டு நியமிக்கப்பட்டது. இங்கு ஒரு 3,000 டன், SP-3 பேலோட் வழங்கும், 76.5 மீ உயர் மொபைல் சேவை கோபுரம் (MST) உள்ளது.

திட செலுத்து ஊக்கப் பொருள் ஆலை, செயற்கைக்கோளை விண்ணில் செலுத்தும் வாகனங்களுக்கு, பெரிய அளவு ஒட்டு பொருள்களை தயாரிக்கும் நடவடிக்கைகளை மேற்கொள்கிறது. அசைவற்ற சோதனை & மதிப்பீட்டு வளாகம் (stex) சோதனைகள் செய்து, ஏவுதல் வாகனங்களின் பல்வேறு வகையான திட மோட்டார்களை தேர்வு செய்கின்றது. ஷாரின் மூடப்பட்ட மையத்தில் கணினிகள் மற்றும் தகவல் செயலாக்கம், மின்சுற்று தொலைக்காட்சி, நிகழ் நேர கண்காணிப்பு அமைப்புகள் மற்றும் வானிலை கண்காணிக்கும் உபகரணங்கள் உள்ளன. அது ஸ்ரீஹரி

கோட்டாவில் அமைந்துள்ள மூன்று ரேடார்கள் மற்றும் இஸ்ரோ வின் தொலைப்பதிவு, கண்காணிப்பு மற்றும் ஆணை வலையமைப் பின் (ISTRAC) ஐந்து நிலையங்களுடன் இணைக்கப்பட்டுள்ளது.

செலுத்துபொருள் உற்பத்தி ஆலை அம்மோனியம் பெர்க்ளோரேட் (Ammonium perchlorate, oxidiser), நன்றாக தூளாக்கப்பட்ட அலுமினிய பொடி (எரிபொருள்) மற்றும் ஹைட்ராக்சில் முடிக்கப்பட பாலிபூட்டாடையீன் (hydroxyl terminated polybutadiene) (சேர்ப்பான்) ஆகியவற்றை பயன்படுத்தி, இஸ்ரோ ராக்கெட் மோட்டார் களுக்கு, கூட்டு திட செலுத்துபொருளை உருவாக்குகிறது. 2.8 மீ விட்டம் மற்றும் 22 மீ நீளம், 450 டன் உந்துதல் அளவு மற்றும் 160 டன் எடையுள்ள, ஐந்து பாகமாக பிரிக்கப்பட்ட மோட்டாரான, பிஸ்ல்வி இன் முதல் நிலை ஊக்க மோட்டார் உட்பட, இங்கு பல திட மோட்டார்கள் உருவாக்கப்படுகிறது.

ராக்கெட்டின் மோட்டார்கள் மற்றும் அதன் துணை அமைப்புகள் பறக்க தகுதியானவையாக அறிவிக்கப்படுவதற்கு முன்னர் கடுமை யான தரை சோதனை மற்றும் மதிப்பிடுதல் செய்யப்படுகின்றன.

ஷாரில் உள்ள வசதிகள், பொருத்தமான சுற்றுப்புற நிலைமைகள் மற்றும் உருவகப்படுத்தப்பட்ட உயரமான நிலைமைகளில், திட ராக்கெட் மோட்டார்களை சோதனை செய்ய பயன்படுத்தப்படு கின்றன. இவற்றை தவிர, அதிர்வு, அதிர்ச்சி, மாறா முடுக்கம் மற்றும் வெப்ப, ஈரப்பதம் பரிசோதனைகள் செய்ய வசதிகளும் அங்கு உள்ளன.

ஷாரில் சிறிய புவி சுற்றுவட்ட பாதை, துருவ சுற்றுப்பாதையில் மற்றும் நிலை-பூகோள நிலை மாறும் சுற்றுப்பாதை ஆகிய சுற்றுப் பாதைகளில் செயற்கைக்கோள்களை விண்ணில் செலுத்தும் கட்டமைப்புகள் உள்ளன. வாகன ஒருங்கிணைப்பு, எரிபொருள் மற்றம், சரிபார்த்து அனுப்புதல் மற்றும் ஏவுதல் நடவடிக்கைகளுக்கு, ஏவுதல் வளாகங்கள் ஆதரவு வழங்குகின்றன. இம்மையம் வளி மண்டல ஆய்வுகள் செய்ய ஒலி ஏவுகணைகளை செலுத்தும் வசதி களையும் கொண்டுள்ளது.

மொபைல் சேவை கோபுரம், ஏவுமிடம், வெவ்வேறு ஏவுதல் நிலைகள் & விண்கலத்திற்கு தயாரிப்பு வசதிகள், திரவ தள்ளுந்தி களின் சேமிப்பு, பரிமாற்றம் மற்றும் சேவை வசதிகள், ஆகியவை பிஸ்ல்வி/ ஜிஸ்ல்வி ஏவுதல் வளாகத்தின் முக்கிய பாகங்களாகும்.

GSLV Mk III திட்டத்திற்கு துணைபுரிய, கூடுதல் வசதிகள் SDSC இல் அமைக்கப்பட உள்ளன. 200 டன்கள் திட செலுத்துபொருள் கொண்ட வலுவான வர்க்க உயர்த்திகளை தயாரிக்க, ஒரு புதிய ஆலை அமைக்கப்பட உள்ளது. நிலை சோதனை வளாகம், S-200 உயர்த்து பொருளை கையாள தகுதிபெறுவதற்காக புதுப்பிக்கப்பட உள்ளது. ஒரு திட நிலை ஒருங்கிணைப்பு கட்டிடம், செயற்கைக் கோள் தயாரிப்பு மற்றும் நிரப்புதல் வசதி மற்றும் வன்பொருள் சேமிப்பு கட்டிடங்கள் ஆகியவை பிற புதிய வசதிகளாகும்.

ஏற்கனவே உள்ள திரவ செலுத்துபொருள் மற்றும் கடுங்குளிர் செலுத்துபொருள் சேமிப்பு மற்றும் நிரப்புதல் அமைப்புகள், செலுத்துபொருள் சேவை வழங்கல் வசதிகள் ஆகியவையும் புதுப் பிக்கப்பட உள்ளன. எல்லை கருவி அமைப்பும் மேலும் மேம் படுத்தப்பட உள்ளது.

பழைய ஏவுமிடம் (ஏவுமிடம்-னூ)

இது *1960* இன் பிற்பகுதியிண் போது ஷாரில் கட்டப்பட்ட முதல் ஏவுமிடமாகும். இது *1971* ல் செயல்பாட்டிற்கு வந்த பின்னர் பல ஏவுதல்கள் இங்கு நடைபெற்றுள்ளன. இது இன்றும் செயல் பாட்டில் உள்ளது; பிஸ்எல்வி செயற்கைக்கோள்களை ஏவுவதற்கு பயன்படுத்தப்படுகிறது.

இரண்டாம் ஏவுமிடம்

ஷாரில் உள்ள இரண்டாம் ஏவுமிடம் ஒரு புத்தம் புதிய நவீன மயமான ஏவுதல் வளாகமாகும். இரண்டாம் ஏவுமிடம், அடுத்த தசாப்தத்தில் மற்றும் அதற்கு அப்பால் கட்டப்பட உள்ள மேம்பட்ட ஏவுதல் வாகனங்கள் உட்பட இஸ்ரோவின் அனைத்து ஏவுதல் வாகனங்களையும் கையாளும் திறனுடைய, உலகளாவிய ஏவுமிட மாக கட்டப்பட்டுள்ளது. இது *2005* ல் செயல்பாட்டிற்கு வந்தது.

மூன்றாம் ஏவுமிடம்

மூன்றாவது ஏவுமிடம் ரூ.*600* கோடி செலவில் மனிதனை விண்வெளியில் செலுத்தும் பணிக்காக கட்டப்பட்டு வரப்படுகிறது.

❖

20. இந்திய விண்வெளித் திட்டத்தின் தந்தை
விக்ரம் அம்பாலால் சாராபாய்

விக்கிரம் அம்பாலால் சாராபாய் (Vikram Ambalal Sarabhai, ஆகஸ்ட் 12, 1919 - டிசம்பர் 30, 1971) என்பவர் இந்திய இயற்பிய லாளர் ஆவார். இந்திய விண்வெளித் திட்டத்தின் தந்தை எனக் கருதப்படுகிறார். 1969 ஆம் ஆண்டு சாந்தி ஸ்வரூப் பட்நாகர் விருது பெற்றார்.

1919 ஆம் ஆண்டு ஆகஸ்ட் 12 அன்று அகமதாபாதில் ஒரு செல்வச் செழிப்பு மிக்க குடும்பத்தில் பிறந்தார். அவரது நாட்டம் எல்லாம் கணிதத்திலும், இயற்பியலிலும் இருந்தது.

இங்கிலாந்தில் பி.எச்.டி ஆராய்ச்சியை முடித்துத் திரும்பிய சாராபாய், அகமதாபாதில் இயற்பியல் ஆராய்ச்சி ஆய்வகத்தை (Physical Research Laboratory) 11 நவம்பர் 1947 இல் நிறுவினார். 1955 இல் காசுமீரினி குலுமார்கில் அதன் கிளை ஒன்றையும் நிறுவினார். பின்னர், திருவனந்தபுரம், கொடைக்கானல் ஆகிய இடங்களிலும் ஆய்வகங்களை நிறுவினார்.

இந்தியாவின் முதல் செயற்கைக்கோளான ஆரியபட்டாவின் விண்ணேவுதலுக்கு முழுமுதல் காரணமாக இருந்தார். SITE

எனப்படும் 'செயற்கைக்கோள் உதவியுடன் தொலைக்காட்சியில் பயிற்றுவிக்கும் முயற்சி' மூலம் 24000 இந்திய கிராமங்களிலுள்ள 50 லட்சம் மக்களுக்கு கல்வியை எடுத்துச் செல்ல உதவினார். இந்திய விண்வெளி ஆராய்ச்சி நிறுவனத்தை (ISRO) விரிவாக்கினார்.

விண்வெளித் திட்டங்கள் தவிர, பஞ்சாலைத் தொழில், மேலாண்மைப் பயிற்று நிலையம் ஆகியவற்றையும் தொடங்கினார்.

விருதுகளும் பெருமைகளும்

பத்ம பூசண்

பத்ம விபூசண்

1973இல் உலகளாவிய வானியல் ஒன்றியம் நிலவிலுள்ள அமைதிக் கடல் (Sea of Serenity) பகுதியில் உள்ள ஒரு பெருங்குழிக்கு விக்கிரமின் பெயரைச் சூட்டினர்.

❖

84 | இஸ்ரோ (ISRO)

21. வியப்பூட்டும் ககன்யான் விண்கலம்

ககன்யான் இந்திய விண்கலத்தின் மூலம் பூமியின் தாழ் வட்டப் பாதைக்கு மனிதர்களை அனுப்பி, அவர்களை பாதுகாப்பாக மீண்டும் பூமிக்கு அழைத்து வருவது தான் இத்திட்டத்தின் நோக்கம் ஆகும். இந்த விண்கலத்தில் மூன்று பேர் செல்லும் வகையில் வடிவமைக்கப்பட்டுள்ளது. இந்திய விண்வெளி ஆய்வு மையத்தின் இந்த விண்கலமானது ஜி.எஸ்.எல்.வி மார்க் III மூலம் 2024 ஆம் ஆண்டில் விண்ணில் ஏவப்படவுள்ளது. இந்துஸ்தான் ஏரோனாடிக்ஸ் லிமிட்டெட் தயாரித்துள்ள இந்த விண்கலத்தின் சோதனை ஓட்ட மானது டிசம்பர் 18, 2014 இல் நடை பெற்றது.

ககன்யானுக்கான தொடக்கநிலை ஆய்வுகள் மற்றும் தொழில்நுட்ப வசதிகள் தொடர்பான முன்னேற்பாடுகள் 2006 ஆம் ஆண்டில் துவங்கப்பட்டது. முதலில் இதற்கு சுற்றுப்பாதை வாகனம் என்று பொதுப் பெயரிடப்பட்டது. இது மெர்க்குரித் திட்டம் போன்றே வடிவமைக்கத் திட்டமிடப்பட்டது. மேலும் கூடுதலாக ஒரு வாரம் விண்வெளியில் நீடித்திருக்கும் திறன் கொண்டதாகவும் வடிவமைக்கத் திட்டமிடப்பட்டது. இந்தத் திட்டம் மார்ச், 2008 இல் இந்திய அரசிடம் நிதி பெறுவதற்காக ஒப்படைக்கப்பட்டது. இந்திய மனித

விண்வெளி ஆய்வுத் திட்டமானது இதற்கான இசைவாணையை பிப்ரவரி, 2009 இல் அளித்தது. பயணிகள் அல்லாத சோதனை ஓட்டமானது 2013 இல் நடத்தத் திட்டமிட்டிருந்தனர். பின் அது 2016 ஆம் ஆண்டாக மாற்றம் ஆனது.

திட்டத்தின் முன்னேற்பாடுகளுக்கு இந்திய அரசானது 500 மில்லியன் இந்திய ரூபாய்களை 2007 மற்றும் 2008 ஆம் ஆண்டுகளுக்காக வழங்கியது. பயணிகள் விண்கலமானது 7 ஆண்டுகள் விண்வெளியில் தங்கும் திறன் கொண்டதாக வடிவமைக்க 124 பில்லியன் இந்திய ரூபாய் தேவை என எதிர்பார்க்கப்பட்டது. இந்திய ஐந்தாண்டு திட்டத்திற்கான (2007-12). திட்டமிடலின் போது திட்டக்குழு உறுப்பினர்கள் 2007 ஆம் ஆண்டில் பயணிகள் விண்கலத்திற்கான முன்னேற்பாடுகளுக்காக 50 பில்லியன் இந்திய ரூபாய் தேவைப்படும் என மதிப்பிட்டனர்.

ககன்யான் என்பது முழுமையான தன்னாட்சி கொண்ட 3.7 டன் எடையுள்ள விண்கலம் ஆகும். இதில் மூன்று பேர் சுற்றுப்பாதைக்கு சென்று புவிக்கு திரும்பக்கூடிய வகையில் வடிவமைக்கப்பட்டுள்ளது. இந்த திட்டம் 7 நாட்கள் வரை சுற்றுப்பாதையில் இருக்கும். இது

சோயூசு விண்கலம் போன்ற விண்கலம் ஆகும்.

உருசியாவில் பயிற்சி

இந்திய விண்வெளி வீரர்களுக்கு பயிற்சி அளிப்பது குறித்து, இந்தியாவின் இஸ்ரோ அமைப்பும், உருசியாவின் கிளாவ்கோசுமாசு (Glavkosmos) என்கிற அமைப்பும் 2019ஆம் ஆண்டு ஜூன் மாதம் ஒப்பந்தம் செய்து கொண்டன. இந்திய விமானப் படையின் ஒரு குரூப் கேப்டன் மற்றும் மூன்று விங் கமாண்டர்களைக் கொண்ட நான்கு பேர் இதற்காக தேர்வு செய்யப்பட்டு பயிற்சிக்கு அனுப்பப்பட்டார்கள். இவர்களுக்கான பயிற்சி கடந்த ஆண்டு பிப்ரவரி 10ஆம் தேதி தொடங்கிய நிலையில், கொரோனா பெருந்தொற்று தாக்கம் காரணமாக, அவர்களின் பயிற்சி தற்காலிகமாக தடைபட்டது. தற்போது மார்ச், 2021-இல் பயிற்சியை நிறைவு செய்த, இந்த அதிகாரிகளுக்கு இந்தியாவில் சிறப்பு விண்கலன் சார்ந்த பயிற்சிகள் வழங்கப்படும்.

சுகன்யான் – 1 ககன்யான் திட்டத்தின் முதல் ஆளில்லா வெள்ளோட்ட விண்கலமாகும். இது 2024ஆம் ஆண்டின் முதல் காலாண்டில் தொடங்க திட்டமிடப்பட்டுள்ளது.

இந்த ஏவுதல் முதலில் 2020 டிசம்பரில் திட்டமிடப்பட்டது. பின்னர் 2021 டிசம்பருக்கு மாற்றப்பட்டது. ஆனால் கோவிட் – 19 தொற்று நோய் காரணமாக இது மேலும் தாமதமானது.

திட்டத்தின் நோக்கங்கள்

ககன்யான் விண்கலம் சதீஷ் தவான் விண்வெளி மையத்திலிருந்து மனித மதிப்பிடப்பட்ட எல்விஎம் 3 மூலம் ஏவப்பட்டு 170 x 408 கி.மீ வட்டணையில் நிலைநிறுத்தப்படும். வட்டணையின் வட்ட வடிவமாக்கல் மூன்றாவது சுற்றில் செய்யப்படும். தரையிறக்கம் TV - D1 போன்ற அதே பாணியைப் பின்பற்ற வேண்டும்.

இந்த பயணத்திற்குப் பிறகு, மனித எந்திரியான வயோமித்ராவை சுமந்து செல்லும் ககன்யான் 2 விண்கலத்தை விண்ணில் செலுத்துவ தற்கு முன்பு இஸ்ரோ மேலும் நான்கு இடைநிறுத்தச் செய்முறை களை மேற்கொள்ளும்.

❖

22. ஆதித்தியா எல் 1

ஆதித்தியா எல்1 (Aditya L1) என்பது சூரிய வளிமண்டலத்தை ஆய்வு செய்வதற்காகத் திட்டமிடப்பட்ட சூரியப்புறணி வரைவி விண்கலமாகும், இது தற்போது இந்திய விண்வெளி ஆய்வு நிறுவனம் (இஸ்ரோ) உட்பட்ட பல்வேறு இந்திய ஆய்வு நிறுவனங் களால் வடிவமைக்கப்பட்டு உருவாக்கப்பட்டுள்ளது. இது புவிக்கும் சூரியனுக்கும் இடையே உள்ள எல்1 புள்ளியைச் சுற்றி ஒரு சமனிலை ஈர்ப்பு வட்டத்தில் நிலைநிறுத்தப்படும். அங்கு இது சூரிய வளிமண்டலம், சூரியக் காந்தப் புயல்கள், புவியைச் சுற்றியுள்ள சூழலில் ஏற்படும் தாக்கத்தை ஆய்வு செய்யும்.

சூரியனை ஆய்வு செய்ய இந்தியாவால் ஏவப்படும் முதல் சூரியச் சுற்றுகலன் திட்டமாகும். இத்திட்ட இயக்குநராக நிகார் சாஜி விளங்குகிறார். இது 2023 செப்டம்பர் 2 அன்று 11:50 மணி (இசீநே) அளவில், முனையச் செயற்கைக்கோள் ஏவூர்தி (PSLV-C57) வழி, சிறீ அரிகோட்டாவில் உள்ள சத்தீசு தவான் விண்வெளி ஆய்வு மையம் (SDSC) இரண்டாம் ஏவுதளத்தில் இருந்து ஆதித்தியா எல் 1 விண்கலம் வெற்றிகரமாக விண்ணில் ஏவப்பட்டது.

திட்ட நோக்கங்கள்

ஆதித்தியா எல்1 திட்டத்தின் முதன்மை அறிவியல் நோக்கங்களாகப் பின்வருவன அமைகின்றன:

- சூரிய மேல் வளிமண்டல (நிறக்கோளம், சூரியப்புறணி உட்பட) இயங்கியல் ஆய்வு.
- நிறக்கோள, சூரியப்புறணிச் சூடாக்க ஆய்வு, பகுதி இயனியாக்க மின்ம இயற்பியல், சூரியப்புறணி பொருண்மை உமிழ்வுகளின் தொடங்கலும் சுடர் எறிவுகளும்.
- சூரியனில் இருந்து வரும் துகள் இயங்கியலை ஆய்வதற்கான தரவுகளைத் தரும் களத்துகள், மின்மச் சூழல் நோக்கீடுகள்.
- சூரியப்புறணி இயற்பியலும் அதன் சூடாக்க இயங்கமைப்பும்.
- வெப்பநிலை, விரைவு(திசைவேகம்), அடர்த்தி உட்பட்ட கூறுபாடுகளில் சூரியப்புறணியையும் அதன் மின்ம ஊடகக் கண்ணிகளையும் (loops) ஆய்ந்தறிதல்
- சூரியப்புறணிப் பொருண்மை உமிழ்வுகளின் (CMEs) தோற்றமும் வளர்ச்சியும் இயங்கியலும்.
- சூரிய உமிழ்வு நிகழ்ச்சிகளை உருவாக்கும் சூரிய வளிமண்டல அடுக்குகளில் (நிறக்கோளம், ஒளிக்கோளம், விரியும் சூரியப் புறணி) நிகழும் நிகழ்வுகளின் வரிசைமுறையை இனங்காணல்.
- சூரியப்புறணியின் காந்தப்புலக் கிடப்பியலும், காந்தப்புல அளவீடும்.
- விண்வெளி வானிலை உருவாக்கக் காரணிகள் (சூரியக் காற்றின் தோற்றமும், உட்கூறும், இயங்கியலும்).

ஆதித்தியா விண்கலக் கருத்துப் படிமத்தை விண்வெளி ஆராய்ச்சிக் குழு 2008 இல் உருவாக்கியது. முதலில் இது ஒரு சிறிய 400 kg (880 lb) எடையுள்ள 800 கிமீ குத்துயரத் தாழ் புவி வட்டணையில் இருந்து சூரியப்புறணியை ஆய்வு செய்யும் செயற்கைக்கோளாகவே கருதப் பட்டது. இதில் ஒரு புறணிவரைவி மட்டும் பொருத்தலாம் என

வரையறை செய்யப்பட்டது. இதற்காக, 2017-18 ஆம் நிதியாண்டில் செய்முறைப் பாதீடாக மூன்று கோடி இந்திய உருபா ஒதுக்கவும் பட்டது. பிறகு, இத்திட்ட எல்லை விரிவாக்கப்பட்டது. இது தற்போது ஓர் எளிய சூரிய, விண்வெளிச் சுற்றுச்சூழல் நோக்கீட்டக மாக புவி-சூரியச் சமனிலை ஈர்ப்பு வட்டத்தில் எல் 1 இலாகி ரேஞ்சுப் புள்ளியில் ஏழு அறிவியல் கருவிகளோடு நிலைநிறுத்த திட்டமிட்டு உருவாக்கப்பட்டுள்ளது. எனவே, இத்திட்டம் ஆதித்தியா எல் 1 என பெயர் மாற்றப்பட்டு, 2019 சூலையில் ஏவுதல் செலவில்லாமல் ரூ.378.53 கோடி ஒதுக்கீடு செய்யப்பட்டது.

ஆதித்தியா-L1 திட்டம் நிறைவுற, ஏவியதும் 109 நாட்கள் எடுத்து கொள்ளும்; ஏனெனில், சமனிலை ஈர்ப்பு வட்டத்தில் அமையும் எல் 1 புள்ளி புவியில் இருந்து 15,00,000 கிமீ தொலைவில் இருப்பதால் இந்நேரம் வேண்டியிருக்கிறது. 1,500 kg (3,300 lb) எடையுள்ள விண்கலம் பலவகை நோக்கங்களுக்கான ஏழு அறிவியல் கருவி களைக் கொண்டு செல்கிறது. இவற்றில், சூரியப்புறணிச் சூடாக்கம், சூரியக் காற்று முடுக்கம், சூரியப்புறணி காந்தமானி, புவி வளி மண்டலத்தை இயக்கி, புவிக் கோளகக் காலநிலையைத் தீர்மானிக்கும்.

புவியருகு புற ஊதாக்கதிர் வீச்சின் தோற்றத்தையும், கண் காணிப்பையும் செய்யும் கருவி, ஒளி, நிறக்கோளங்களைச் சூரியப் புறணியுடன் பிணைத்தலை ஆயும் கருவி, விண்வெளி, புவித் தரைத் தொழில்நுட்பங்களைத் தாக்கும் புவி சுற்றிலுமுள்ள விண் வெளிச் சுற்றுச்சூழலின் களப் பான்மைகளை அறிய, உயர் ஆற்றல் துகள் பாயத்தையும் சூரியக்காற்று, சூரியக் காந்தப் புயல்களின் காந்தப்புலங்களை அளத்தலும் ஆகியன அடங்கும்.

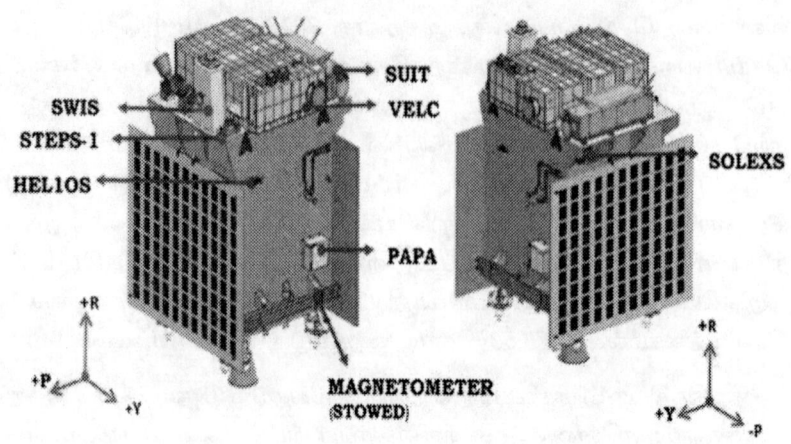

ஆதித்தியா-L1 விண்கலம் சூரியப்புறணி, ஒளி, நிறக்கோளங் களின் நோக்கீடுகளைத் தரும். மேலும், ஒரு கருவி எல் 1 வட்டணையை அடையும் உயர் ஆற்றல் சூரியத் துகள்களின் பாயத்தை ஆயும்; காந்தமானி சமனிலை ஈர்ப்பு வட்ட எல் 1 புள்ளி யருகேயுள்ள சூரியக் காந்தப்புலச் செறிவில் நிகழும் மாற்றங்களை அளக்கும். இந்த அறிவியல் கருவிகள் புவிக் காந்தப்புலத்தின் குறுக்கீட்டுக்கு வெளியே அமையவேண்டும். எனவே, முதலில் முன்மொழிந்த தாழ் புவி வட்டணை ஆதித்தியா திட்டத்தில் இவற்றை வைத்து ஆய்வு செய்திருக்க முடியாது.

அறிவியல் கருவிகள்

ஆதித்தியா எல் 1 கருவிகள் சூரிய வளிமண்டலத்தை நோக்கீடு செய்யும்; முதன்மையாக நிறக்கோளத்தையும் சூரியப்புறணியையும் ஆயும். களக்கருவிகள் L1 புள்ளியின் களச்சூழலை நோக்கீடு செய்யும். விண்கலத்தில் ஏழு கருவிகள் உள்ளன; இவற்றில் நான்கு சூரியனை ஆயும் தொலையுணர்வுக் கருவிகள்; மற்ற மூன்றும் களச்சூழல் நோக்கீட்டுக் கருவிகள் ஆகும்.

❖

23. மங்கள்யான்

செவ்வாய் சுற்றுகலன் திட்டம் (Mars Orbiter Mission), அல்லது மங்கள்யான் (Mangalyaan) என்பது செவ்வாய் கோளுக்கு இந்திய விண்வெளி ஆய்வு நிறுவனத்தால் 2013 நவம்பர் 5 அன்று வெற்றிகரமாக ஏவிய ஆளில்லாத விண்கலம் ஆகும்.

இவ்விண்கலம் 2014 செப்டம்பர் 24 அன்று செவ்வாய்க் கோளின் வட்டணையில் வெற்றிகரமாக இணைந்தது. இதனால், முதல் முயற்சியிலேயே செவ்வாய்க்குச் செயற்கைக்கோள் ஒன்றை வெற்றிகரமாக அனுப்பிய முதலாவது நாடு என்ற பெருமையை இந்தியா பெற்றது. இத்திட்டத்திற்காக முப்பத்து நான்காவது பன்னாட்டு விண்வெளி மேம்பாட்டு மாநாட்டின்போது சிறந்த விண்வெளி முன்னோடி விருதினை இஸ்ரோவிற்கு தரவிருப்பதாக அமெரிக்கா அறிவித்துள்ளது.

செவ்வாய் சுற்றுக்கலன் முனையச் செயற்கைக்கோள் ஏவூர்தி (PSLV) சி25 வழி ஆந்திரப் பிரதேசம், ஸ்ரீஹரிகோட்டாவில் இருந்து 2013 நவம்பர் 5 அன்று இந்திய நேரப்படி பிற்பகல் 02:38 மணிக்கு வெற்றிகரமாக ஏவப்பட்டது. இக்கலன் புவியின் வட்டணையில்

வட்டணை உயர்த்த, ஒரு மாதம் வரை தங்கியிருந்த பின்னர், 2013 நவம்பர் 30 இல் செவ்வாயை நோக்கிச் செலுத்தப்பட்டது.

இத்திட்டம் இந்தியாவின் முதலாவது கோளிடைத் திட்ட மாகும். சோவியத், நாசா, ஐரோப்பிய விண்வெளி நிறுவனம் ஆகியவற்றுக்கு அடுத்ததாகச் செவ்வாயை அடைந்த நான்காவது விண்வெளி நிறுவனம் என்ற பெருமையை இஸ்ரோ பெற்றது. விண்கலம் தற்போது பெங்களூரில் உள்ள இஸ்ரோவின் விண்கலக் கட்டுப்பாட்டு மையத்திலிருந்து இந்திய ஆழ்வெளி வலைப்பிணைய (IDSN) உணர்நீட்சி வழியாகக் கண்காணிக்கப்படுகிறது.

ஆளில்லா செவ்வாய் சுற்றுகலத் திட்டம் பற்றி 2008 நவம்பர் 23 இல் பொதுவெளியில் இஸ்ரோ தலைவர், ஜி. மாதவன் நாயர் முதலில் அறிவித்தார். சந்திரயான்-1 திட்டம் வழி 2008 இல் நிலாச் செயற்கைக் கோள் ஏவப்பட்டதும், 2010 இல் இந்திய விண்வெளி அறிவியல் தொழில்நுட்ப நிறுவனம் செவ்வாய் சுற்றுகலத் திட்டத்துக்கான இயலுமை ஆய்வைத் தொடங்கியதும் செவ்வாய் சுற்றுகலத் திட்டக் (MOM) கருத்துப்படிமம் தோன்றிவிட்டது. பிறகு இந்திய விண் வெளி ஆய்வு நிறுவனம் சுற்றுகலத்துக்கான முதனிலை ஆய்வுகளை முடித்ததும் இந்திய முதன்மை அமைச்சர் மன்மோகன் சிங் 2012 ஆகத்து 3 இல் இத்திட்டத்துக்கு ஒப்புதல் அளித்தார். இத்திட்டத்தின் மொத்தச் செலவு 454 கோடி என மதிப்பிடப்பட்டது. இதில் செயற்கைக்கோளுக்கான செலவு மட்டும் 153 கோடி ஆகும். எஞ்சிய திட்டத் தொகை, தரைநிலையம், தகவல் அஞ்சல் மேம் பாடுக்கும் தொடர்புள்ள பிற இஸ்ரோவின் திட்டங்களுக்கும் ஆனதாகும்.

விண்வெளி முகமை விண்கல ஏவுதலை முதலில் 2013 அக்தோபர் 28 ஆகத் திட்டமிட்டது. ஆனால், இது இஸ்ரோவின் விண்கல கண்காணிப்புக் கப்பல்கள் முன் தீர்மானித்த இருப்புகளில் நிலை கொள்ள, பசிபிக் கடல் வானிலையால் காலத்தாழ்த்தம் ஏற்பட்ட தால், நவம்பர் 5 அன்றைக்குத் தள்ளிப் போடப்பட்டது. ஏவும் போது எரிபொருளைச் சேமிக்க உதவும் ஓகுமான் பெயர்வு வட்டணை 26 மாதங்களுக்கு ஒருமுறை மட்டுமே அமைவதால்

இப்போது விட்டால் அடுத்த நேர்வுகள் 2016, 2018 இல் தாம் அமைகின்றன.

ஏவூர்தி PSLV-XL,C25 இன் கட்டமைப்புக்கான பூட்டுதல் பணி 2013 ஆகஸ்ட் 5 இல் தொடங்கியது. இதில் ஐந்து அறிவியல் கருவி களின் கட்டமைப்புகளை இந்திய விண்வெளி ஆராய்ச்சி நிறுவனச் செயற்கைக்கோள் மையம், பெங்களூரு, விண்கலத்தில் ஏற்றி முடித்து 2013 அக்தோபர் 2 அன்று, விண்கலத்தைச் ஸ்ரீஹரிகோட்டா வில் ஏவூர்தியில் ஒருங்கிணைக்க அனுப்பியது. சந்திரயான்-2 திட்ட வன்பொருட்களை ஓரளவுக்கு மீளமைத்து, செயற்கைக்கோள் உருவாக்கத்தை வேகமாகக் கண்காணித்து 15 மாதங்களுக்குள் கல வன்பொருள் பணி முடிக்கப்பட்டது.

ஐக்கிய அமெரிக்கக் கூட்டரசு அரசுப் பணிகளை 2013 இல் நிறுத்தி வைத்திருந்தபோதும், நாசா 2013 அக்டோபர் 5 அன்று, தங்களது ‘ஆழ் விண்வெளி வலைப்பிணையத்தின்’ வழியாக இத்திட்டத்துக் கான தொலைத்தொடர்புக்கும் கல இயக்கத்துக்கும் ஒத்துழைப்பைத் தரும் என மீளுறுதி வழங்கியது. நாசாவும், இஸ்ரோவும் 2014 செப்டம்பர் 30 அன்றைய கூட்டத்தில் எதிர்காலச் செவ்வாய்க் கூட்டுத் திட்டங்களுக்கான வழிமுறையை நிறுவும் உடன்பாட்டில் கையெழுத்திட்டன. பணிக்குழுவின் நோக்கங்களில் ஒன்றாக, மாவென் சுற்றுகலன், செவ்வாய் சுற்றுகலன்கள் வழியாக, நடப்பு, எதிர்காலச் செவ்வாய்த் திட்டங்களில் ஒருங்கிணைவான கூட்டு நோக்கீடுகளும் அறிவியல் பகுப்பாய்வும் மேற்கொள்ளும் வாய்ப்பு ஏற்கப்பட்டது.

திட்டமிடப்படாத 2022 ஏப்பிரலில் நிகழ்ந்த நீண்ட ஒளிமறைப்புக் காலத்துக்குப் பின்னர், சுற்றுகலன் 2022 அக்டோபர் 2 அன்று மீளவியலாத முறையில் புவியுடனான தொடர்பை இழந்தது. தொடர்பிழந்த நிலையில், அது மின் வழங்கலை இழந்ததா அல்லது தவறுதலாக, அதன் புவிநோக்கிய உணர்சட்டம், தன்னியக்க மேலாளுகையில் திசைதிருப்பப் பட்டுவிட்டதா என்பதை அறிய முடியவில்லை.

அறிவியல் தொழிநுட்பக் குழு

திட்டத்தில் கீழ்வரும் அறிவியலாளரும், பொறியியலாளரும் முனைவாகச் செயல்பட்டனர்.

- கே. இராதாகிருஷ்ணன் தலைவர், இஸ்ரோ.
- மயில்சாமி அண்ணாதுரை திட்ட இயக்குநர், நிதிப் பாதீடு மேலாண்மை, விண்கல உருவமைப்பு, பணித்திட்டம், வளங் களுக்கான வழிகாட்டுதல்.
- எசு. இராமகிருஷ்ணன், இயக்குநர், முனையச் செயற்கைக் கோள் நீர்மச் செலுத்த அமைப்பு ஏவூர்தி வடிவமைப்பு.
- பி. குனிகிருழ்சிணன் திட்ட இயக்குநர், PSLV திட்டம்; திட்ட இயக்குநர், PSLV-C25/செவ்வாய் சுற்றுகலன் திட்டம்.
- மவுமிதா தத்தா திட்ட மேலாளர், செவ்வாய் சுற்றுகலன் திட்டம்.
- நந்தினி அரிநாத், விண்கல இயக்க இணை செயல் இயக்குநர்.
- இரீது கரிதாள் சிறீவத்சவா, விண்கல இயக்க இணை செயல் இயக்குநர்.

- பிஎசு கிரண், துணைத் திட்ட இயக்குநர், கலப் பறப்பு இயங்கியல்.
- வி.கேசவ இராஜு, இயக்குநர், செவ்வாய் சுற்றுகலன் திட்டம்.
- வி.கோட்டீசுவர இராவ், இஸ்ரோ அறிவியல் செயலாளர்.
- சந்திரதத்தன், இயக்குநர், நீர்மச் செலுத்த அமைப்பு.
- ஏ.எசு. கிரண் குமார், இயக்குநர், செயற்கைக்கோள் பயன் பாடுகள் மையம்.
- எம்.ஒய்.எசு. பிரசாத் இயக்குநர், சத்தீசு தவான் விண்வெளி மையம்; தலைவர், ஏவுதல் சான்றளிப்புக் குழுமம்.
- எசு.கே. சிவக்குமார், இயக்குநர், இஸ்ரோ செயற்கைக்கோள் மையம்; திட்ட இயக்குநர், ஆழ்விண்வெளி வலைப்பிணையம்.
- சுப்பையா அருணன், திட்ட இயக்குநர், செவ்வாய் சுற்றுகலன் திட்டம்.
- பி.ஜயகுமார், துணைத்திட்ட இயக்குநர், PSLV திட்டம், ஏவூர்தி அமைப்புகளின் ஓர்வு.
- எம்.எசு. பன்னீர்செல்வம், தலைமைப் பொது மேளாலர், ஸ்ரீஹரிகோட்டா ஏவுதளம், ஏவுதல் காலநிரல்கள் பேணுதல்.

திட்டச் செலவு

2008 ஆம் ஆண்டில் சந்திரயான்-1 நிலாப் பயணத் திட்டம் முன்னெடுக்கப்பட்டதை அடுத்து 2010 ஆண்டில் மேற்கொள்ளப் பட்ட இயலுமை ஆய்வுடன் மங்கள்யான் திட்டப்பணி தொடங் கியது. இந்திய விண்வெளி ஆய்வு மையம் சுற்றுக்கலனின் ஆய்வுக் காக ரூ.4.54 பில்லியன் ($74 மில்லியன்) செலவிலான ஆய்வுப் பணிகளை முடித்ததை அடுத்து, 2012 ஆகஸ்ட் 3 இல் இந்திய அரசு இத்திட்டத்துக்கு ஒப்புதல் அளித்தது. திட்டத்தின் மொத்தச் செலவு ரூ.4.54 பில். ($74 மில்.) ஆகும். இதில் ஐந்து ஆய்வுக் கருவிகளுடன் கூடிய செயற்கைக்கோளுக்கான செலவு ரூ.1.53 பில்லியன் ($25 மில்லியன்) ஆகும். உலகில் குறைந்த செலவில் செவ்வாய்க்கு

அனுப்பப்பட்ட செயற்கைக்கோள் திட்டம் என இது புகழ் பெற்றுள்ளது. திட்டத்தின் குறைவான செலவுக்குக் காரணமாக இசுரோ தலைவர் கே. இராதா கிருஷ்ணன் பல காரணிகளைக் கூறலாம் என்கிறார். ஒன்று இதன் 'பெட்டக அணுகுமுறை', அடுத்தது குறைந்த தரைநிலை ஓர்வுகள், மேலும் அறிவியலாளரின் (18 முதல் 20 மணிநேர) நீண்ட பணிநாள் ஆகியவற்றைக் குறிப்பிடுகிறார். பிரித்தானிய ஒலிபரப்பு நிறுவன ஜொனாதன் அமோசு குறைந்த தொழிலாளர் சம்பளம், உள்நாட்டில் உருவாக்கும் தொழில் நுட்பங்கள், எளிய வடிவமைப்பு, நாசாவின் மேவன் திட்டத்தை விட சிக்கலற்ற அறிவியல் கருவிச் சுமை போன்ற காரணிகளைச் சுட்டிக் காட்டுகிறார்.

திட்ட நோக்கங்கள்

முதன்மை நோக்கம் கோளிடைப் பயணத்தை வடிவமைத்தலும், திட்டமிடலும், மேலாளுதலும், இயக்குதலும் சார்ந்த தொழில்நுட்பங்களை உருவாக்குதல் ஆகும். இரண்டாம் நோக்கம் உள்நாட்டு அறிவியல் கருவிகளைப் பயன்படுத்தி, செவ்வாய் மேற்பரப்புக் கூறுபாடுகள், புறவடிவியல், கனிமவியல், செவ்வாய் வளிமண்டலம் ஆகியவற்றை ஆய்தல் ஆகும்.

பின்வரும் அரும்பெரும்பணிகளை உள்ளடக்கிய கோளிடைப் பயணத்தை வடிவமைத்தலும் திட்டமிடலும் மேலாளுதலும் இயக்குதலும் முதன்மை நோக்கங்களாகும்.

- விண்கலத்தினை புவிமைய வட்டணையில் இருந்து கதிர் மையத் தடவழிக்கும் பின்னர் செவ்வாய் வட்டணை ஈர்ப்பு வெளிக்கும் பெயர்த்து கொண்டு செல்லும் வட்டணை முயற்சிகளை மேற்கொள்ளல்.

- வட்டணை இயக்க விசை படிமங்களை உருவாக்கலும் அவற்றுக்கான கணினிநிரல்களை வகுத்தலும்; விண்கலத் திசை வைப்புப் பாங்கு கணித்தலும் பகுத்தாய்தலும்.

- அனைத்துக் கட்டங்களிலும் கலத்தைச் சரிவர இயக்குதல்.

- திட்டத்தின் அனைத்துக் கட்டங்களிலும் விண்கலத்தைப் பேணுதல்.
- இயக்க மின்திறன், தொலைத்தொடர்புகள், வெப்ப, ஏற்புச் சுமைத் தேவைகளைச் சந்தித்தல்.
- வருநிகழ்வு சூழல்களைச் சந்திக்கவல்ல தன்னியக்கக் கூறுபாடு களை அமைத்தல்.

அறிவியல் நோக்கங்கள்

அறிவியல் நோக்கங்கள் பின்வரும் பாரியக் கூறுபாடுகளில் கவனம் செலுத்தும்.

- புறவடிவவியல், நிலக்கிடப்பியல், கனிமவியல் ஆய்வுவழி செவ்வாய் மேற்பரப்புக் கூறுபாடுகளின் தேட்டம்.
- தொலைவுணர்வு நுட்பங்களைப் பயன்படுத்தி செவ்வாய் வளி மண்டலத்தின், மீத்தேன், CO2 உள்ளடங்கிய உட்கூறுகளை ஆய்தல்.
- செவ்வாயின் மேல் வளிமண்டல இயங்கியலையும் சூரியக் காற்று, கதிர்வீச்சு விளைவுகளையும் ஆவியாகும் பொருட்கள் புறவெளிக்குத் தப்பி வெளியேறுதலையும் ஆய்தல்.

திட்டம் செவ்வாய் நிலாக்களை, குறிப்பாக, போபோசு நிலா நோக்கீடுகளைச் செய்தல், செவ்வாய்க்குப் பெயரும் தடவழிச் சிறுகோள்களின் வட்டணைகளை இனங்கண்டு மீள்மதிப்பீடு செய்தல் போன்ற பல வாய்ப்புகளை கொண்டுள்ளது.

இந்திய அறிவியலாளர்களுக்கு 2015 , மே முதல் ஜூன் வரை புவியும் செவ்வாயும் சூரியனின் இருபுறமும் எதிரெதிராக இணைவாக உள்ள நிலையில் சூரிய ஒளிமுகட்டை ஆய்வு செய்ய ஒரு வாய்ப்பு கிடைத்தது. இந்த தருணத்தில் செவ்வாய் சுற்றுகலன் உமிழ்ந்த S அலைகற்றையின் அலைகள், விண்வெளியில் பல மில்லியன் கி.மீ. வரை விரிந்து பரந்த சூரிய ஒளிமுகட்டின் வழியாகச் செலுத்தப் பட்டன. இந்நிகழ்ச்சி, சூரிய மேற்பரப்பையும் வெப்பநிலை உடனடி மாறும் வட்டாரங்களையும் ஆய்வு செய்ய வழிவகுத்தது.

விண்கல வடிவமைப்பு

- பொருண்மை: செலுத்த எரிபொருளின் பொருண்மை 852 kg (1,878 lb) உட்பட, ஏவுதல் நேரப் பொருண்மை 1,337.2 kg (2,948 lb) ஆகும்.
- விண்கலத் தொகுதி: திட்ட விண்கலத் தொகுதி, திருத்தபட்ட சந்திரயான் -1 இன் I-1 K கட்டமைப்பாகும். இதில் 2008 முதல் 2009 வரை இயங்கிய சந்திரயான்-1 ஐப் போன்ற செலுத்த வன்பொருள் உருவமைப்பும் நிலாச் சுற்றுகலனும் செவ்வாய் திட்டத்துக்கு ஏற்ப திருத்தியமைத்த மேம்பாடுகளும் உயர்தர அமைப்புகளும் அமைந்தன. செயற்கைக்கோள் கட்டமைப்பு அலுமினியத்தாலும் கூட்டு நாரிழை வலுவூட்டிய நெகிழி யாலும் (கரிம-நாரிழை-வலுவூட்டப் பலபடி-CFRP) ஆன அடுக்குக் கட்டுமானம் உடையதாகும்.
- மின் திறன் வாயில்: செவ்வாய் வட்டணையில் மொத்தமாக 840 வாட் பெரும மின்னாக்கம் செய்யவல்ல ஒவ்வொன்றும் 1.8 m × 1.4 m (5 அடி 11 அங் × 4 அடி 7 அங்) அளவும் (7.56 m^2 (81.4 sq ft))மொத்தப் பரப்பும் உள்ள மூன்று சூரியப் பலக அணிகள்

மின் வழங்கல் வாயிலாக அமைந்துள்ளன. மின்சாரம் *36* Ah இலித்தியம்-இயனி மின்கல அடுக்கில் தேக்கப்படுகிறது.

- செலுத்தம்: வட்டணை உயர்த்தலுக்கும் செவ்வாய் ஈர்ப்பில் நுழைக்கவும் 440 newtons (99 lbf) உந்து விசையுள்ள ஒரு நீர்ம எரிபொருள் பொறி பயன்படுகிறது. சுற்றுகலனிலும் எட்டு *22*-newton (4.9 lbf) உந்துவிசை கொண்ட பொறிகள் விண்கலத் திசை வைப்புப் பாங்கு கட்டுபாட்டுக்காக அமைக்கப்பட்டுள்ளன. இதன் ஏவுதல் நேர எரிபொருள் பொருண்மை 852 kg (1,878 lb) ஆகும்.
- கலத்திசைப் பாங்கு, வட்டணைக் கட்டுபாட்டு அமைப்பு: தடவழி இயக்க அமைப்பில் MAR31750 16 பிட் நுண்செயலி மின்னனியல் கருவி, இரு விண்மீன் உணரிகள், ஒரு சூரிய அணி யின் சூரிய உணரி, வழித்தட ஒப்புமைச் சூரிய உணரி, நான்கு சமனுருள்கள், முதன்மை செலுத்த அமைப்பு ஆகியன அமை கின்றன.
- உணர்சட்டங்கள்: தாழ் ஈட்ட உணர்சட்டம், இடைநிலை ஈட்ட உணர்சட்டம், உயர் ஈட்ட உணர்சட்டம் என மூன்று உணர்சட்டங்கள் அமைக்கப்பட்டுள்ளன.

❖

24. ஆளில்லா நிலாப் பயணக்கலம் சந்திரயான் – 1

சந்திரயான்-1 என்பது இந்திய விண்வெளி ஆய்வு மையத்தால் சந்திரயான் திட்டத்தின் கீழ் விண்வெளிக்குச் செலுத்தப்பட்ட ஆளில்லாத நிலாப் பயணக்கலம் ஆகும். இது 2009 ஆகத்து வரை இயக்கத்தில் இருந்தது. இத்திட்டத்தில் ஒரு நிலா வட்டணைக் கலமும் ஒரு தரையிறக்க நிலா மொத்தல் கலமும் அடங்கியிருந்தன. இந்தியா இந்த விண்கலத்தினை முனைய ஏவூர்தி (PSLV-XL) ஐப் பயன் படுத்தி 2008 அக்டோபர், 22 இல் ஆந்திரப் பிரதேசம் ஸ்ரீஹரி கோட்டா, சத்தீசு தவான் விண்வெளி மையத்தில் இருந்து விண்ணில் ஏவியது. இது இந்திய விண்வெளி நிகழ்ச்சிநிரலில் பேருந்தாற்றலை அளித்தது. ஏனெனில் இதன் வழி இந்தியா நிலாத் தேட்டத்துக்கான தொழில்நுட்பத்தை ஆய்வுவழி தானே தனித்து உருவாக்கியது. சந்திரயான்-1 விண்கலம் 2008 நவம்பர் 8 இல் நிலா வட்டணையில் செலுத்தப்பட்டது.

நிலா மொத்தல் கலம் சந்திரயான் வட்டணைக்கலத்தில் இருந்து பிரிந்து கட்டுப்பாடான பாணியில் இறங்கி, 2008 நவம்பர் 14 இல் நிலாவின் தென் முனையில் குதித்து மோதியது. எனவே இந்தியா

நிலாவில் ஒரு பொருளை வைத்து வெற்றிகண்ட நான்காம் நாடாகியது. மொத்தல் கலம் சேக்கிள்டன் குழிப்பள்ளத்தில் 15.01 ஒபொநே நேரத்தில் மோதியது. மோதிய இடம் சவகர் புள்ளி எனப் பெயரிடபட்டது.

இதன் முதன்மையான நோக்கம் நிலவுப்பரப்பில் பல்வேறு கனிமங்கள், தனிமங்களின் பரவலை ஆய்வு செய்வதும், முழு நிலவுப் பரப்பையும் அதிக துல்லியத்துடன் முப்பருமான வரைபட மாக்கலும் ஆகும். இந்திய விண்வெளி ஆய்வு நிறுவனத்தின் முனையச் செயற்கைக்கோள் ஏவுகலமான முனையச் செயற்கைக் கோள் ஏவூர்தி சந்திராயன் 1 கலத்தை 240 கி.மீ x 24000 கி.மீ புவி வட்டணையில் செலுத்தும். பின்னர் விண்கலம் தன்னகத்துள்ள முற்செலுத்த அமைப்பின் துணைகொண்டு 100 கி.மீ முனைய வட்டணையில் நிலவைச் சுற்றி வரும்படி நிலைநிறுத்தவும் திட்ட மிடப்பட்டது.

இப்பணித் திட்டத்தின் தலைவராக மயில்சாமி அண்ணாதுரை இருந்தார். திட்ட மதிப்பீட்டுத் தொகை 386 கோடி ரூபாய் ஆகும்.

இந்தியாவின் ஆய்வுக் கருவிகள் போக பன்னாட்டு விண்வெளி நிறுவனங்களான நாசா, ஐரோப்பிய விண்வெளி நிறுவனம், பல்கேரியாவின் ஆய்வுக் கருவிகளும் இத்திட்டத்தில் அடங்கும்.

இரண்டாண்டுகளுக்குள் நிலா மேற்பரப்பு முழுவதும் அளக்கை யிட்டு மேற்பரப்பில் அமையும் வேதிம உட்கூறுகளின் முழு தரைப் படத்தையும் அதன் நிலப்பொதிவியல் முப்பருமான உருவரையையும் பதிவு செய்ய கருதப்பட்டது. நிலா முனனை வட்டாரங்களில் பனிவடிவில் நீர் உறைய வாய்ப்புள்ளதால் அவை ஆர்வத்தோடு அலசப்பட்டன.

ஏறத்தாழ ஓராண்டுக்குப் பின்னர், திறன்குன்றிய வெப்பக் கவசம், விண்மீன் தடங்காணி உட்பட பல தொழில்நுட்பக் கோளாறுகளை வட்டணைக்கலம் உணரத் தொடங்கியது; சந்திரயான்-1 தன் தகவல் பரிமாற்றத்தினை 2009 ஆகஸ்ட் 28 அன்று 20:00 ஒபொநே மணி நேரத்தில் நிறுத்தியது. உடனே இந்திய விண்வேளி ஆய்வு நிறுவனம்

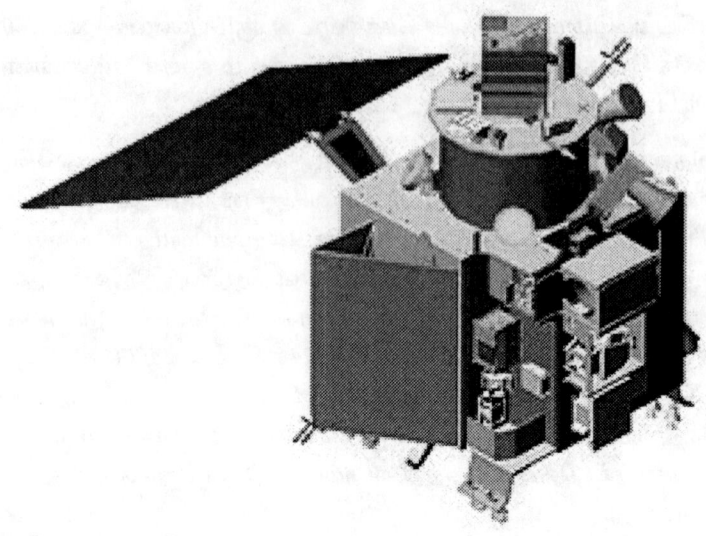

சந்திரயான்-1 இன் பணி நிறைவுற்றதாக அறிவித்தது. சந்திரயான்-1 இரண்டாண்டுகளுக்குப் பதிலாக 312 நாட்களே இயங்கியது; என்றாலும், இத்திட்டம் நிலாத் தண்ணீர் உட்பட பெரும்பாலான தன் அறிவியல் நோக்கங்களை வென்றெடுத்தது.

இந்த தேட்ட முனைவின் பல்வேறு சாதனைகளில் நிலா மண்ணில் பரவலாக நீர்மூலக்கூறுகள் பொதிந்துள்ளதைக் கண்டறிந்தமை சிறப்பானதாகும்.

இயக்கத்தை நிறுத்திய ஏழு ஆண்டுகளுக்குப் பிறகு, நாசா தன் தரை வீவாணி அமைப்புகளைக் கொண்டு 2016 ஜூலை 2 இல் சந்திரயான்-1 இன் இருப்பை நிலா வட்டணையில் நிலாவைச் சுற்றிக் கொண்டிருப்பதை மீளக் கண்டறிந்தது. தொடர்ந்து மும்மாத நோக்கிடுகளுக்குப் பின்னர் துல்லியமாக இரண்டு ஆண்டுகட்கு ஒரு முறை குத்துயரத்தில் 150 கி.மீ முதல் 270 கி.மீ வரை மாறும் அதன் வட்டணை இயக்கத்தை நாசா கண்டறிந்தது.

அன்றைய இந்திய முதன்மை அமைச்சரான அடல் பிகாரி வாஜ்பாய் 2003 ஆகத்து 15 இல் விடுதலை நாளன்றைய பேச்சில் சந்திரயான்-1 திட்டத்தை அறிவித்தார். இந்தத் திட்டம் இந்திய விண்வெளி

நிகழ்நிரலுக்கு ஒரு மாபெரும் உந்துதலை அளித்தது. நிலாவுக்கான இந்திய அறிவியல் திட்டம் சார்ந்த எண்ணக்கரு 1999 ஆம் ஆண்டு இந்திய அறிவியல் கல்விக் கழகக் கூட்டத்தில் முதலில் எழுப்பப் பட்டது. இந்திய விண்ணியக்கக் கழகம் இந்த எண்ணக்கருவை 2000 ஆம் ஆண்டுக்குக் கொண்டு சென்றது. விரைவிலேயே தேசிய நிலாத் திட்டச் செயலாண்மைக் குழு இந்திய விண்வெளி ஆய்வு நிறுவனத்தை அமைத்தது. மேலும் அது இஸ்ரோ இந்திய விண்வெளித் திட்டங்களுக்கான, குறிப்பாக நிலாப் பயணத்துக்கான தொழில் நுட்ப வலுவுள்ளதெனவும் முடிவெடுத்து அறிவித்தது. 2003 ஆம் ஆண்டு ஏப்பிரலில் 100 பெயர் பெற்ற கோள் அறிவியல், விண்வெளி அறிவியல், புவி அறிவியல், இயற்பியல், வேதியியல், வானியல், வானியற்பியல், பொறியியல், தொடர்பியல் புலங்களைச் சார்ந்த இந்திய அறிவியலாளர்கள் ஒன்றுகூடி விவாதித்து, செயலாண்மைக் குழுவின் நிலாவுக்கு விண்கலத்தை அனுப்பும் பரிந்துரைக்கு ஒப்புதல் அளித்தன. ஆறு மாதங்களுக்குப் பிறகு, நவம்பரில் இந்திய அரசு நிலாப் பயணத் திட்டத்துக்கு ஒப்புதல் அளித்தது.

நோக்கங்கள்

இந்தத் திட்டம் பின்வரும் நோக்கங்களை அறிவித்தது.

- நிலா வட்டணையில் சுற்றிவரும் விண்கலத்தை வடிவமைத்தல், உருவாக்குதல், இந்திய ஏவூர்தி வழியாக அதை விண்ணில் ஏவுதல்.
- விண்கலத்தில் அமையும் அறிவியல் கருவிகளைக் கொண்டு செய்முறைகளைச் செய்து பின்வரும் தரவுகளைப் பெறுதல்.
- நிலா அண்மை, சேய்மைப் பக்கங்கள் இரண்டுக்குமான (5–10 m or 16–33 அடி உயரம் வரை உயர்வெளிப் பிரிதிறன் உள்ள) முப்பருமான நிலப்படத்தை உருவாக்குதல்.
- முழு நிலா மேற்பரப்பையும் உயர்வெளிப் பிரிதிறனுடன் வேதிம, கனிமவியல் நிலப்படம் உருவாக்குதல்; குறிப்பாக, மகனீசியம், அலுமினியம், சிலிக்கான், கால்சியம், இரும்பு, டிட்டானியம், இரேடான், யுரேனியம், தோரியம் ஆகிய வேதித் தனிமங்களுக்கான நிலப்படம் உருவாக்குதல்.

- அறிவியல் அறிவைப் பெருக்குதல்.
- நிலாப்பரப்பில் ஒரு மொத்தல் துணைக்கலத்தை விடுவித்து எதிர்கால மென்மையான தரையிறங்குதல் திட்டங்களுக்கான அடிப்படைகளை ஆராய்தல்.

திட்ட நோக்கங்களை எய்த பின்வரும் திட்ட இலக்குகள் வரையறுக்கப்பட்டன.

- நிலையாக நிழலில் உள்ள நிலாத் தென்முனை வட்டாரங்களின் உயர்பிரிதிறத்தில் கனிமவியல், வேதிமப் படிமமாக்கல்.
- நிலாப் பரப்பிலும் அடிபரப்பிலும் உள்ள நிலாத் தண்ணீர்ப்பனி நிலவுதலைத் தேடல், குறிப்பாக நிலாமுனைகளில் தேடல்.
- நிலா உயர்சமவெளிப் பாறைகளின் வேதிமங்களை இனங்காணல்.
- நிலாப்புறணி வேதிம அடுக்கியலைப் பெருமொத்தல் குழிகளின் நடுவே உயர்சமவெளியிலும் தென்முனை ஐத்கன் வட்டாரங்களிலும் (நிலா அகப்பொருள் உள்ளதாக எதிர்பார்க்கப்படும் பகுதி) தொலைவுணர்தல் வழி கண்டறிதல்.
- நிலா மேற்பரப்பு உயர வேறுபாட்டுக் கூறுபாடுகளை வரைதல்.
- 10 கிலோமின்னன் வோல்ட்டைவிடக் கூடுதலான X-கதிர் சார்ந்த கதிர்நிரலையும் 5 m (16 அடி) பிரிதிறனுடன் நிலாப் பரப்பின் பெரும்பகுதி மண்ணடுக்கியலையும் நோக்கீடு செய்தல்.
- நிலாவின் தோற்றமும் படிமலர்ச்சியும் குறித்த புரிதலுக்கான புதிய கணிப்புகள்.

வடிவமைப்புக் குறிப்பீடுகள்

பொருண்மை : ஏவும்போது 1,380 kg (3,042 lb); நிலா வட்டணையில் 675 kg (1,488 lb) மொத்தல் கலத்தை நிலாவில் எறிந்த பின் 523 kg (1,153 lb).

அளவுகள் : தோராயமாக, 1.5 து (4.9 அடி) ஆரப் பருங்கோளகம்.

தொடர்பாடல் முறை : அறிவியல் தரவுக்கு எக்சு அலைப் பட்டை அலைவெண்ணில் இயங்கும் 0.7 m (2.3 அடி) விட்டமுள்ள இரட்டை வலயப் பரவளைய உணர்கிண்ணம் பயன்படுகிறது; தொலையளவி, தடக்கண்காணிப்பு, கட்டளைக்குமானத் தொடர் பாடல் எசு. அலைப்பட்டை அலைவெண்ணில் நிகழ்கிறது.

மின்திறன் : விண்கலம் முதன்மையாக சூரியக்கல அணி வழி மின் திறனைப் பெருகிறது. இதில் மொத்தமாக, 2.15 × 1.8 m (7.1 × 5.9 அடி) பரப்பளவு உள்ள ஒரு சூரியக்கலப் பலகம் 750 வாட் உச்ச மின் திறனை 36 ஆம்பியர் மணி கொள்ளளவுள்ள இலித்தியம்- இயனி மின்கல அடுக்கில் ஒளிமறைப்புகளின்போது பயன்படுத்த தேக்கி வைக்கிறது.

செலுத்தம் : விண்கலம் நிலா வட்டணையை அடையவும், நிலாவைச் சுற்றிவரும்போது வட்டணை, குத்துயர நிலைப்பைப் பேணவும், ஒருங்கிணைந்த இரட்டைச் செலுத்துபொருள் உள்ள செலுத்த அமைப்பைப் பயன்படுத்தல். இதற்கானத் திறன் தொகுதி யில் 440 நி உந்துபொறி ஒன்றும் எட்டு 22 நி உந்துபொறிகளும் பயன் படுத்தல். எரிபொருளும் ஆக்சிடைசரும் ஒவ்வொன்றும் 390 லிட்டர்கள் (100 US gal) கொள்ளளவுள்ள இரு தொட்டிகளில் தேக்கப்படல்.

கலம் இயக்குதலும் கட்டுபாடும் : விண்கலம் மூவச்சு நிலைப்பு உடையது. இதில் இரண்டு விண்மீன் உணரிகளும், கொட்புநோக்கி களும் நான்கு சமனுருள்களும் உள்ளன.

இத்திட்டத்தின் கீழ் பின்வரும் இந்தியாவின் கருவிகள் ஐந்தும், அயல்நாட்டுக் கருவிகள் ஆறுமாக 90 கிகி மொத்தப் பொருண்மை யுள்ள ஆய்வுக்கருவிகள் விண்கலத்தில் அனுப்பி வைக்கப்பட்டன.

நிலப்பரப்பு படவரைவு நிழற்படக் கருவி: 5 மீ துல்லியமும் அனைத்துநிறப் பட்டையில் 40 கி.மீ வீச்சும் கொண்ட நிலப்பட வரைவு ஒளிப்படக் கருவி (The Terrain Mapping Camera (TMC)) ஆகும். இந்தக் கருவியின் குறிக்கோள் நிலாவின் நிலக்கிடப்பியலை முழுமை யாக வரைதலாகும். இந்த ஒளிப்படக் கருவி மின்காந்தக்

கதிர்நிரலின் கட்புலப் பகுதியில் இயங்கி, கருப்பு, வெள்ளைப் பருநிலைப் படிமங்களைப் பிடிக்கும். நிலா ஒருங்கொளி நெடுக்கக் கருவியின் (Lunar Laser Ranging Instrument-LLRI) தரவுகளோடு இணைத்துப் பயன்படுத்தும்போது இது நிலா ஈர்ப்புப் புலத்தையும் நன்கு புரிந்துகொள்ள உதவும். TMC அகமதாபாதில் உள்ள இஸ்ரோ விண்வெளிப் பயன்பாட்டு மையத்தால் உருவாக்கப்பட்டது. இது 2008 அக்டோபர் 29 இல் ISTRAC கட்டளைகள் வழியாக ஓர்வு செய்யப்பட்டது.

மீ நிறமாலை படிமமாக்கி: 400 - 900 நேனோமீட்டர் பட்டையில் 15 நேனோமீட்டர் நிறமாலைப் பிரித்துணர்வுடனும், 80 மீ இடப் பிரித்துணர்வுடனும் கனிமவியல் வரைபடமாக்கல் புரியும் மீ நிறமாலை படிமமாக்கி (Hyper Spectral Imager (HySI).

லேசர் நிலவு நில அளவீட்டுக் கருவி: மேற்பரப்பு இடவிவரங்களைத் தீர்மானிக்கும் லேசர் நிலவு நில அளவீட்டுக் கருவி (Lunar Laser Ranging Instrument (LLRI)).

எக்ஸ்-கதிர் ஒளிர்வு நிறமாலைமானி: (X-ray Fluoresence Spectrometer). இது பின்வரும் மூன்று உறுப்புகளைக் கொண்டிருக்கும்.

குறைந்த ஆற்றல் எக்ஸ்-கதிர் நிறமாலைமானி: 10 கி.மீ நிலப் பிரித்துணர்வுடன் 0.5 - 10 கி.எ.வோ அளவீடுகளுக்கான குறைந்த ஆற்றல் எக்ஸ்-கதிர் நிறமாலைமானி (Low Energy X-ray Spectrometer (LEX)). இது Si, Al, Mg, Ca, Fe மற்றும் Ti ஆகியவற்றின் பரவலை வரைவு செய்யும்.

உயர் ஆற்றல் எக்ஸ்-கதிர் / காம்மா கதிர் நிறமாலைமானி: 20 கி.மீ நிலப் பிரித்துணர்வுடன் 10 - 200 கி.எ.வோ அளவீடுகளுக்கான உயர் ஆற்றல் எக்ஸ்-கதிர்/காம்மா கதிர் நிறமாலைமானி (High Energy X-ray / Gamma ray Spectrometer (HEX)). இது, U, Th, 210Pb, 222Rn உள்ளிட்ட கதிரியக்கத் தனிமங்களை அளவிடும்.

சூரிய எக்ஸ்-கதிர் கண்காணிப்புக் கருவி: 2 - 10 கி.எ.வோ அளவிலான சூரியப் பாயத்தைக் கண்டறியும் சூரிய எக்ஸ்-கதிர் கண்காணிப்புக் கருவி (Solar Flux Monitor (SXM)). இது சூரியப்

பாயத்தைக் கண்காணித்து LEX மற்றும் HEX-இன் முடிவுகளை நெறிப்படுத்தும்.

நிலா மொத்தல் கலம் (Moon Impact Probe (MIP) ஒன்று. இது சந்திராயன் 1 கலத்தால் எடுத்துச் செல்லப்படும் ஒரு செயற்கைக் கோள். கலமானது நிலவைச் சுற்றிய 100 கி.மீ சுற்றுப்பாதையை அடைந்ததும் இச்செயற்கைக்கோள் வெளித்தள்ளப்பட்டு நிலவின் மீது மோதவிடப்படும். MIP ஆனது அதிக துல்லியத்துடன் கூடிய நிறை நிறமாலைமானி, எஸ்-பட்டை உயர அளவி, கண்ணுரு படமாக்கக் கருவி ஆகியவற்றைக் கொண்டிருக்கும். இது 2008 நவம்பர் 14 இல் 14:30 UTC நேரத்தில் கலத்தில் இருந்து வெளி யேற்றப்பட்டது. திட்டமிட்டபடி, நிலா மொத்தல் கலம் நிலாவின் தென்முனையை 15:01 UTC நேரத்தில் 2008 நவம்பர் 14 இல் தொட்டது. எனவே இஸ்ரோ தான் நிலவை ஐந்தாவதாகத் தொட்ட நிறுவனமாகும். ஏற்கெனவே நிலவைத் தொட்ட தேசிய விண்வெளி முகைமைகளில் சோவியத் ஒன்றியம் தான் முதன்முதலில் 1959 இல் நிலவை அடைந்தது; ஐக்கிய அமெரிக்கா 1962 இல் நிலவைத் தொட்டது; ஜப்பான் 1993 இல் நிலவைத் தொட்டது; ஈசா 2006 இல் நிலவைத் தொட்டது.

அயல்நாட்டுக் கருவிகள்

C1XS எனும் 1 முதல் 10 கி.மி.வோ வரையளவுள்ள எக்சுக்கதிர் உடனொளிர்வு கதிர்நிரல்மானி நிலாப் பரப்பில் 25 கி.மீ பிரி திறனுடன் மக்னீசியம், அலுமினியம், சிலிக்கான், கால்சியம், டிட்டானியம், இரும்பு ஆகியவற்றின் கனிமச் செறிவை படம் பிடித்தது; சூரியக் காற்றுப் பெருக்கை கண்காணித்தது. இது இஸ்ரோவும், எசாவும், ஐக்கிய அரசு ரூதர்போர்டு ஆப்பிள்டன் ஆய்வகமும் இணைந்து உருவாக்கிய கருவியாகும். இது 2008 நவம்பர் 23 இல் செயல்படுத்தப்பட்டது.

SARA, எனும் குறை-கிலோமின்னன்வோல்டு அணு எதிரொளிர்வுப் பகுப்பாய்வி எனும் ஐரோப்பிய விண்வெளி முகமை (ESA), நிலாப்பரப்பு உமிழ்ந்த தாழ் ஆற்றல் நொதுமல்நிலை அணுக்களைக் கொண்டு கனிம உட்கூற்றை வரைந்தது.

M3 எனும் பிரவுன் பல்கலைக்கழகமும் தாரைச் செலுத்த ஆய்வகமும் நிலாப் பரப்புக் கனிம உட்கூற்றை வரைய உருவாக்கிய படிம முறை கனிமக் கதிர்நிரல்மானியான, நிலாக் கனிமவியல் வரைவி (நாசா நிதியளித்தது) 2008 டிசம்பர் 17 இல் செயல்படுத்தப் பட்டது.

அகச்செங்கதிர்மானி-2 (SIR-2) எனும் மாக்சு பிளாங்கு சூரியக் குடும்ப ஆராய்ச்சி நிறுவனமும், போலந்து அறிவியல் கல்விக் கழகமும், பெர்கென் பல்கலைக்கழகமும் இணைந்து செய்த ஐரோப்பிய விண்வெளி முகமையின் அகச்சிவப்பணுக்கள் கதிர்நிரல் வரைவி, அகச்சிவப்பு வரிப்பட்டை கதிர்நிரல்மானியால் நிலாப் பரப்புக் கனிமவியல் பரவலை வரைந்தது. Smart-1 என்பது தொகு வில்லை வீவாணி கருவியைப் போன்றதே. இது 2008 நவம்பர் 19 இல் செயல்படுத்தப்பட்டது; அறிவியல் நோக்கீடுகள் 2008 நவம்பர் 20 இல் தொடங்கின.

நாசா வடிவமைத்து, கட்டியமைத்து ஓர்வு செய்த சிறு-தொகு வில்லை வீவாணி மிகப் பெரிய குழுவால் உருவாக்கப்பட்டதாகும். இக்குழுவில் நாவாய் வான்போர் மையமும், ஜான் ஆப்கின்சு பல்கலைக்கழகத்தின் பயன்முறை இயற்பியல் ஆய்வகமும் இரைத்தியோன், நார்த்திரோப் குருமன் சார்ந்த சாந்தியா தேசிய ஆய்வகங்களும் இசுரோவின் வெளி உதவியோடு இணைந்தன. சிறு-தொகுவில்லை வீவாணி என்பது நிலாத் தண்ணீரையும் பனிநீரையும் கண்டறிவதற்கான தொகுத்த பொருள்வில்லை வீவாணி செயல் முனைவு அமைப்பாகும். இந்தக் கருவி 2.5 கிகா எர்ட்சு அலைவெண் முனைவுற்ற கதிர்வீச்சு அலைகளைச் செலுத்தி, இடது, வலது புறம் சிதறிய முனைவுற்ற கதிர்வீச்சைக் கண்காணித்தது. ன்ன்பிரெனல் எதிரொளிர்மை, வட்ட முனைவுறல் விகிதம் (CPR) ஆகிய முதன்மை அளபுருபன்கள் இச்செய்முறைகளில் இருந்து கொணரப்பட்டன. பனியின் ஒருங்கிய பின்சிதறல் எதிர்வு விளைவால் எதிரொளிர்வும் வட்ட முனைவுறல் விகிதமும் (CPR) மேம்படும்; எனவே, நிலாவின் முனையப் பகுதிகளின் நீர் உள்ளடக்கத்தை மதிப்பிடலாம்.

கதிரளவுகாணி-7 (RADOM-7) எனும் பல்கேரிய அறிவியல் கல்விக் கழகத்தின் கதிர்வீச்சு அளவு கண்காணிப்புச் செய்முறை நிலவைச்

சுற்றியுள்ள கதிர்வீச்சு சூழலைப் படம் வரைந்தது. இது *2008 நவம்பர் 16 இல் ஓர்வு செய்யப்பட்டது.*

திட்டக் காலநிரல்

முதன்மை அமைச்சர் மன்மோகன்சிங் காலத்தில், சந்திரயான் திட்டத்துக்கு பெருந்துதல் கிடைத்தது. அறுதியாக சந்திரயான்-1 2008 அக்டோபர் 22 இல் 00:52 ஒபொநே நேரத்தில் சத்தீசு தவான் விண்வெளி மையத்தில் இருந்து இஸ்ரோவின் 44.4-மீட்டர் (146 அடி) உயர, நான்கு-கட்ட PSLV C11 ஏவூர்தி வழியாக விண்ணில் ஏவப் பட்டது. சந்திரயான்-1 நேரடியான பயணத் தடம் வழி நிலாவுக்கு ஏவப்படவில்லை; மாறாக 21 நாட்களில் தொடர்ந்து புவி இயக்க வட்டணையை உயர்த்தும் முற்சிகளால் நிலாவைச் சென்றடைய வைக்கப்பட்டது. ஏவிய கட்டத்தில் விண்கலம் முதலில் புவி நிலைப்பு மற்றுநிலை வட்டணையில் நிலைநிறுத்தப்பட்டது. அப்போது விண்கலச் சேய்மைத் தொலைவு 22860 கி.மீ. ஆகவும் அதன் அண்மைத் தொலைவு 255 கி.மீ. ஆகவும் இருந்தது. ஏவிய பிறகு, இந்தச் சேய்மைத் தொலைவு 13 நாட்களில் தொடர்ந்த ஐந்து வட்டணை எரிப்புகளால் 380,000 கிமீ அளவுக்கு உயர்த்தப்பட்டது.

திட்டக் காலம் முழுவதும், பங்களூரு, பீன்யாவில் அமைந்த இஸ்ரோவின் தொலையளவி, தடக் கண்காணிப்பு, கட்டளை வலைப்பிணையம் (ISTRAC) சந்திரயான் -1 விண்கலத் தடத்தைக் கண்காணித்துக் கட்டுபடுத்தியது. சந்திரயான்-1 ஏவிய பிறகு 100 நாட்கள் முடிந்ததும், இந்தியா, ஐரோப்பா, ஐக்கிய அமெரிக்கா ஆகிய நாட்டு அறிவியலாளர்கள் குழுமி ஓர் உயர்மட்ட மீள் பார்வைக் கூட்டத்தை நடத்தினர்.

புவி வட்டணை வெளியேற்றம்

முதல் வட்டணை எரிப்பு

சந்திரயான்-1 விண்கல முதல் வட்டணை உயர்த்தும் முயற்சி 2008, அக்டோபர் 23, 03:30 ஒபொநே நேரத்தில் பெங்களூரு, பீன்யா விண்வெளி கட்டுபாட்டு மைய (ISTRAC) கட்டளையால் விண் கலத்தின் 440 நியூட்டன் நீர்மப் பொறியை 18 மணித்துளிகள் எரிய விட்டு மேற்கொள்ளப்பட்டது. இதனால் சந்திரயான் -1 விண்கலச் சேய்மை 37,900 கி.மீ ஆகவும், அண்மை 305 கி.மீ ஆகவும் உயர்ந்தது. இந்த வட்டணையில் சந்திரயான்-1 விண்கலம் புவியை ஒருமுறைச் சுற்றிவர 11 மணி நேரம் எடுத்து கொண்டது.

இரண்டாம் வட்டணை எரிப்பு

சந்திரயான்-1 விண்கல இரண்டாம் வட்டணை உயர்த்தும் முயற்சி 2008, அக்டோபர் 25, 00:18 ஒபொநே நேரத்தில் பெங்களூரு, பீன்யா விண்வெளி கட்டுப்பாட்டு மையக் (ISTRAC) கட்டளையால் விண்கலப் பொறியை 16 மணித்துளிகள் எரியவிட்டு மேற்கொள்ளப் பட்டது. இதனால் சந்திரயான் -1 விண்கலச் சேய்மை 74, 714 கி.மீ ஆகவும், அண்மை 336 கி.மீ ஆகவும் உயர்ந்து பயணத்தின் 20% பகுதியை முடித்தது. இந்த வட்டணையில் சந்திரயான்-1 விண்கலம் புவியை ஒருமுறைச் சுற்றிவர 25.5 மணி நேரம் எடுத்துகொண்டது. இது தான் முதன்முறையாக இந்திய விண்கலம் உயர் புவிநிலைப்பு வட்டணையில் 36,000 கி.மீ உயரமாகச் சென்றதும் தன் உயரத்தில் இருமடங்காக உயர்ந்ததுமான நிகழ்வாகும்.

மூன்றாம் வட்டணை எரிப்பு

சந்திரயான்-1 விண்கல மூன்றாம் வட்டணை உயர்த்தும் முயற்சி 2008, அக்டோபர் 26, 01:38 ஒபொநே நேரத்தில் விண்கலத்தின் பொறியை 9.5 மணித்துளிகள் எரியவிட்டு விண்கல புவிச் சேய்மை 1,64,000 கி.மீ ஆகவும், புவி அண்மை 348 கி.மீ ஆகவும் உயர்த்தப் பட்டது. இந்த வட்டணையில் சந்திரயான்-1 விண்கலம் புவியை ஒருமுறைச் சுற்றிவர 73 மணி நேரம் எடுத்துகொண்டது.

நான்காம் வட்டணை எரிப்பு

நான்காம் வட்டணை உயர்த்தும் முயற்சி 2008, அக்டோபர் 29, 02:08 ஒபொநே நேரத்தில் நிகழ்ந்தது. அப்போது விண்கலப் பொறியை மூன்று மணித்துளிகள் எரியவிட்டு, விண்கல புவிச் சேய்மை 2,67,000 கி.மீ ஆகவும், புவி அண்மை 465 கி.மீ ஆகவும் உயர்த்தப்பட்டது. இது வட்டணைத் தொலைவை நிலாத் தொலை வில் அரைப்பகுதிக்கும் மேலாக உயர்த்தியது. இந்த வட்டணையில் விண்கலம் புவியை ஒருமுறைச் சுற்றிவர 6 நாட்களை எடுத்து கொண்டது.

இறுதி வட்டணை எரிப்பு

ஐந்தாம் இறுதி வட்டண உயர்த்தும் முயற்சி 2008 நவம்பர் 3, 23:26 ஒபொநே நேரத்தில் விண்கலப் பொறியை 2.5 மணித்துளிகள் எரிய விட்டு, புவிச் சேய்மையை 3,80.000 கி.மீ ஆக உயர்த்தி, சந்திரயான் -1 விண்கலம் நிலாப் பெயரும் பயணத் தடவழிக்குள் செலுத்தப் பட்டது.

நிலா வட்டணை நுழைவு

சந்திரயான்-1 நிலா வட்டணை நுழைவை 2008, நமபர் 8 இல் 11:21 ஒபொநே நேரத்தில் முடித்தது. இம்முயற்சியில் நீர்மப் பொறி 817 நொடிகள் (கிட்டதட்ட 13.5 மணித்துளிகள்) எரியவிடபட்டது. அப்போது விண்கலம் நிலாவை 500 கி.மீ தொலைவில் கடந்தது. செயற்கைக்கோள் நீள்வட்டணையில் இறுத்தப்பட்டு நிலா முனைப் பகுதிகளைக் கடந்து சுற்றி வரலானது. அப்போதைய நிலாச் சேய்மை 7,502 km (4,662 mi*) ஆகவும் நிலா அண்மை 504* km (313 mi*)*

ஆகவும் அமைய, நிலாவை ஒருமுறை சுற்றிவர 11 மணி நேரமும் ஆனது. இந்நிகழ்வு வெற்றியோடு முடிவுற்றதும் இந்தியா குத்துநிலை நிலா வட்டணையில் விண்கலத்தைச் செலுத்திய ஐந்தாம் நாடானது.

முதல் வட்டணை குறைப்பு

சந்திரயான்-1 விண்கல முதல் வட்டணை குறைப்பு 2008, நவம்பர் 9 14:33 ஒபொநேC நேரத்தில் நடந்தது. இம்முயற்சியில் விண்கலப் பொறி 57 நொடிகள் எரிய விடப்பட்டது. இதனால், நிலா அண்மை 200 கி.மீ ஆகக் குறைந்து நிலாச் சேய்மை 7,502 கி.மீட்ட ராக மாறாமல் இருந்தது. இந்த நீள் வட்டணையில், விண்கலம் நிலாவை ஒருமுறை சுற்றிவர 10.5 மணி நேரம் எடுத்து கொண்டது.

இரண்டாம் வட்டணை குறைப்பு

சந்திரயான்-1 விண்கல இரண்டாம் வட்டணை குறைப்பு 2008, நவம்பர் 10 16:28 ஒபொநே நேரத்தில் நடந்தது. இதனால், நிலாச் சேய்மை வேகமாக 255 கி.மீ ஆகக் குறைந்து நிலா அண்மை 187 கி.மீ ஆக மாறியது. இதற்கு விண்கலப் பொறி 866 நொடிகள் (கிட்டதட்ட 14.5 மணித்துளிகள்) இயக்கப்பட்டது. இந்த நீள் வட்டணையில், விண்கலம் நிலாவை ஒருமுறை சுற்றிவர 2 மணியும் 16 மணித்துளிகள் எடுத்து கொண்டது.

மூன்றாம் வட்டணை குறைப்பு

சந்திரயான்-1 விண்கல மூன்றாம் வட்டணை குறைப்பு 2008, நவம்பர் 11 13:00 ஒபொநே நேரத்தில் நடந்தது. இதனால், நிலாச் சேய்மை 255 கி.மீ ஆக மாறாமல் இருக்க, நிலா அண்மை 101 கி.மீ ஆக மாறியது. இதற்கு விண்கலப் பொறி 31 நொடிகள் இயக்கப் பட்டது. இந்த நீள் வட்டணையில், விண்கலம் நிலாவை ஒருமுறை சுற்றிவர 2 மணியும் 9 மணித்துளிகள் எடுத்து கொண்டது.

இறுதி வட்டணை

சந்திரயான்-1 விண்கலம் 2008 நவம்பர் 12 இல் நிலாப் பரப்புக்கு மேலாக 100 கி.மீ தொலைவில் திட்டமிட்ட நிலா முனைய வட்டணையில் வைக்கப்பட்டது. இந்த வட்டணையில், விண்கலம் நிலாவை ஒருமுறை சுற்றிவர 2 மணி நேரம் எடுத்து கொண்டது.

இந்நிலையில் 11 அறிவியல் கருவிகளில், நிலப்பட வரைவு ஒளிப் படக் கருவியும் (TMC) கதிர்வீச்சு அளவுக் கண்காணிப்பியும் (RADOM) செயல்படுத்தப்பட்டன. நிலப்பட வரைவு ஒளிப்படக் கருவி புவி, நிலா இரண்டன் படிமங்களையும் எடுத்தது.

நிலாப் பரப்பில் மொத்தல் கலம் தாக்குதல்

நிலா மொத்தல் கலம் நிலாப்பரப்பை 2008, நவம்பர், 15:01 ஒபொநே நேரத்தில் தென்முனையின் சேக்கிள்டன் குழிப்பள்ளதுக்கு அருகில் மொத்தியது. இது சந்திரயான்-1 கலத்தில் இருந்த 11 அறிவியல் கருவிகளில் ஒன்றாகும்.

நிலா மொத்தல் கலம் நிலா மேற்பரப்பில் இருந்து 100 கி.மீ தொலைவில் இருந்தபோது தாய்க்கலத்தில் இருந்து பிரிந்து தனது இறங்கலை 14:36 UTC நேரத்தில் தொடங்கி இயக்கத்தை கட்டற்ற வீழ்ச்சியாக 30 மணித்துளிகள் தொடர்ந்தது. அது விழுந்ததும் தகவலைத் தாய்க்கலத்துக்கு அனுப்ப, தாய்க்கலம் அதைப் புவிக்கு அனுப்பியது. அடுத்து குத்துயர அளவி சந்திரயான் -2 திட்டத்தில் நிலாத்தரையில் தரையூர்தியை இறக்க ஆயத்தப்படுத்துவற்கு தேவப்படும் அளவீடுகள் எடுக்கத் தொடங்கியது.

நிலா மொத்தல் கலத்தை விடுவித்ததும், பிற அறிவியல் கருவிகள் இயங்கத் தொடங்கி நிலாத் திட்ட அடுத்த கட்டப்பணியில் இறங்கின.

நிலா மொத்தல் கலப் பகுப்பாய்வுகள் கிடைத்ததும் இந்திய விண்வெளி ஆராய்ச்சி நிறுவனம் நிலா மண்ணில் தண்னீர் இருப்பதை உறுதிப்படுத்தியது அன்றைய இஸ்ரோவின் தலைவர் ஜி. மாதவன் நாயர் தான் பேசிய கருத்தரங்கு ஒன்றில் வெளியிட்டார்.

விண்கல வெப்பநிலை உயர்வு

இஸ்ரோ 2008 நவம்பர் 25 இல் நிலா வட்டண்ணைக்கல வெப்ப நிலை இயல்பு அளவில் இருந்து 50 செ. ஆகா உயர்ந்ததை அறிவித்தது. அறிவியலாளர்கள் இது நிலா வட்டணையின் வெப்பநிலை எதிர் பார்த்தை விட உயர்வாக இருந்ததால் ஏற்பட்டதாகக் கூறினர். விண்கலத்தை 20 பாகைகள் சுழற்றியும் சில அறிவியல் கருவிகளின்

இயக்கத்தை நிறுத்தியும் கலத்தின் வெப்பநிலை 10 செ. அள்வுக்குக் குறைக்கப்பட்டது.

பிறகு இஸ்ரோ 2008 நவம்பர் 27 இல் விண்கல இயல்பான வெப்பநிலைகளில் இயங்குவதாக அறிவித்தது. பின்னரான அறிக்கைகளில் இஸ்ரோ, இன்னமும் விண்கலம் இயல்பு வெப்ப நிலையை விட உயர்வான வெப்ப நிலைகளிலேயே இயங்கி வருவ தால், 2009 ஜனவரி வரை, அதாவது நிலா வட்டணை வெப்பநிலை நிலைப்படையும் வரை, ஒவ்வொரு கருவியாக இயக்க முடிவு செய்ததாக அறிவித்தது. முதலில் விண்கலம் உயர் வெப்பநிலையை சூரியக் கதிர்வீச்சாலும் நிலாத்தரை எதிரொளிரச் செய்யும் அகச்சிவப்புக் கதிர்களால் ஏற்படுவதாகக் கருதப்பட்டது. என்றாலும் விண்கலத்தின் வெப்பநிலை உயர்வு நே.மி-நே.மி அலைமாற்றி களின் ஒழுங்கற்ற வெப்பநிலைக் கட்டுபாட்டல் விளைவதாகக் கருதப்பட்டது.

கனிமங்களின் நிலப்பட வரைவு

நிலா மேற்பரப்பின் கனிம உள்ளடக்கத்தைச் சந்திரயான்-1 வட்டணை விண்கலத்தில் அமைந்த நாசாவின்நிலா கனிமவியல் வரைவி (M^3) எனும் கருவி வரைந்தது. இரும்பின் நிலவல் மீள உறுதி பட்டதோடு, பாறை மாற்றங்களால் கனிம உட்கூறும் மாறுவதும் இனங்காணப்பட்டது. நிலாவின் கிழக்குப் பகுதியின் நிலப்பட வரையப்பட்டு, அங்கு பைராக்சீன் போன்ற இரும்புக் கனிங்கள் செறிந்திருப்பதும் இனங்காணப்பட்டது.

M^3 கருவியின் அகச்சிவப்புத் தரவுகள் 2018 இல் மீள்பகுப்பாய்வு செய்தபோது, நிலாவின்முனையப் பரந்த வெளிகளில் தண்ணீர் நிலவுவது உறுதி செய்யப்பட்டது.

❖

25. நிலாவை ஆய்வு செய்த
இந்தியாவின் இரண்டாவது விண்கலம்

சந்திரயான்-2 என்பது சந்திரயான்-1 இற்குப் பின்னர் நிலாவை ஆய்வு செய்வதற்காக ஏவப்பட்ட இந்தியாவின் இரண்டாவது விண்கலம் ஆகும். இந்திய விண்வெளி ஆய்வு மையத்தினால் (இஸ்ரோ) வடிவமைக்கப்பட்ட இவ்விண்கலம், ஸ்ரீஹரிகோட்டா விண்வெளி மையத்தில் இருந்து 2019, சூலை 22 அன்று நிலாவை நோக்கி ஜி. எஸ்.எல்.வி மார்க் III ஏவுகலன் மூலம் ஏவப்பட்டது. இவ்விண்கலத்தில் நிலா சுற்றுக்கலன், தரையிறங்கி, தரையூர்தி (நடமாடும் ஆய்வகம்) ஆகியன உள்ளடங்கியிருந்தன. இவை அனைத்தும் இந்தியாவிலேயே வடிவமைத்து கட்டமைக்கப் பட்டன. இதன் முதன்மையான அறிவியல் குறிக்கோள் நிலா மேற்பரப்பு உட்கூற்று வேறுபாடுகளை ஆய்வு செய்து படம் வரைதலும் நிலாத் தண்ணீர் செறிவாக அமையும் இடங்களைக் கண்டறிதலும் ஆகும்.

தரையூர்தி நிலாவின் மேற்பரப்பில் வேதிப்பகுப்பாய்வை 14 நாட்களுக்கு (1 நிலா நாள்) மேற்கொள்ளவும், தான் திரட்டிய தரவு களைச் சுற்றுக்கலன், தரையிறங்கியூடாக புவிக்கு அனுப்பவும் திட்ட

மிடப்பட்டிருந்தது. சுற்றுக்கலன் ஒரு ஆண்டு காலம் நிலாவைச் சுற்றி 100 x 100 கி.மீ சுற்றுவட்டத்தில் சுற்றிவந்து தனது பணிகளை மேற்கொள்ளும் எனவும் அறிவிக்கப்பட்டிருந்தது. 2019 செப்டம்பர் 7 இல் நிலாவில் நிலநேர்க்கோட்டின் கிட்டத்தட்ட 70° தெற்கே மன்சீனசு சி, சிம்பேலியசு என் ஆகிய இரு குழிகளிடையேயுள்ள மேட்டுச்சமவெளியில் சந்திரயான்-2 இன் தரையிறங்கியும், உலாவி யும் இறங்கும் என எதிர்பார்க்கப்பட்டது.

என்றாலும், 2019, செப்டம்பர் 6 இல் தரையிறங்க முயலும் போது, தன் திட்டமிட்ட தடவழியில் இருந்து விலகியதால் அது நிலாத்தரையில் மொத்தியநிலைக்குத் தள்ளப்பட்டது. எனவே, தரையிறங்கியை வெற்றிகரமாக நிலவில் தரையிறக்கம் செய்ய இயலவில்லை. இஸ்ரோ பெற்ற பழுது பகுப்பாய்வு அறிக்கையின் படி, மொத்தல் சிறு மென்பொருள் வழுவியதால் நேர்ந்ததாகக் கூறப்பட்டது. இதனால், இஸ்ரோ 2023 இல் சந்திரயான்-3 வழியாக நிலாத்தரையில் மென்மையான தரையிறக்கத்துக்கு மறுமுயற்சி செய்ய முடிவெடுத்தது.

சந்திரயான் -1 இன் தொடர் திட்டமான சந்திரயான் -2 திட்டத்தில் ஒருங்கிணைந்து செயல்பட, 2007 நவம்பர் 12 இல் இராசுகாசுமோசு பேராளர்களும் இந்திய விண்வெளி ஆய்வு நிறுவனப் பேராளர் களும் இரு முகமைகளுக்கும் இடையில் ஓர் உடன்பாட்டில் கையெழுத்திட்டனர். இஸ்ரோ வட்டணைக்கலம், தரையூர்தி இரண்டுக்கும் முதன்மைப் பொறுப்பையும், இராசுகாசுமோசு தரையிறங்கியை தருவதாகவும் ஒப்புக் கொள்ளப்பட்டது. இந்திய அரசு, 2008, செப்டம்பர் 18 இல் இந்திய முதன்மை அமைச்சர் மன்மோகன் தலைமையில் நடந்த ஒன்றிய அமைச்சர் மன்றத்தில் இத்திட்டத்துக்கான ஒப்புதலை அளித்தது. விண்கலத்தின் வடிவமைப்பு, 2009 ஆகத்தில் இருநாடுகளின் அறிவியலாளர்களின் மீள்பார்வைக் கூட்டத்தில் முடிக்கப்பட்டது.

இஸ்ரோ திட்டமிட்டபடி, சந்திரயான் -2 இன் அறிவியல் கருவி களை இறுதிப்படுத்தி இருந்த போதும், உருசியா தரையிறங்கியைக் காலத்தே உருவாக்காததால், 2013 ஜனவரியில் திட்டம் தள்ளி

வைத்து 2016 ஆம் ஆண்டுக்கு மீள் திட்டமிடப்பட்டது. செவ்வாய்க் கான போபோசு கிரன்ட்டுத் திட்டம் பழுதுற்றதால் 2012இல் மறுபடியும் சந்திரயான் -2 விண்கலத்திட்டத்துக்கான தரையிறங்கி கட்டுமானம் காலத் தாழ்த்தமானது. ஏனெனில், போபோசு கிரன்ட்டுத் தொழில்நுட்பச் சிக்கல்கள் சந்திரயான்-2 வின் தரை யிறங்கியிலும் பயன்படுத்தியுள்ளதால் அளவற்ற மீள்பார்வையிட வேண்டியதாயிற்று.

உருசியா 2015 இலும் தரையிறங்கியைத் தர இயலாமையைத் தெரிவித்ததும், நிலாத் திட்டத்தைத் தனியாகவே உருவாக்கி நிறைவேற்றத் திட்டமிட்டது. சந்திரயான்-2 திட்டத்துக்குப் புதிய காலநிரல் வகுக்கப்பட்டதாலும், 2013 இல் செவ்வாய்த் திட்ட ஏவுதலுக்கான வாய்ப்புச் சாளரம் ஏற்பட்டதாலும் பயன்படுத்தாத சந்திரயான்-2 விண்கல வன்பொருட்கள் செவ்வாய் சுற்றுகலன் திட்டத்தில் பயன்படுத்த முடிவெடுக்கப்பட்டது.

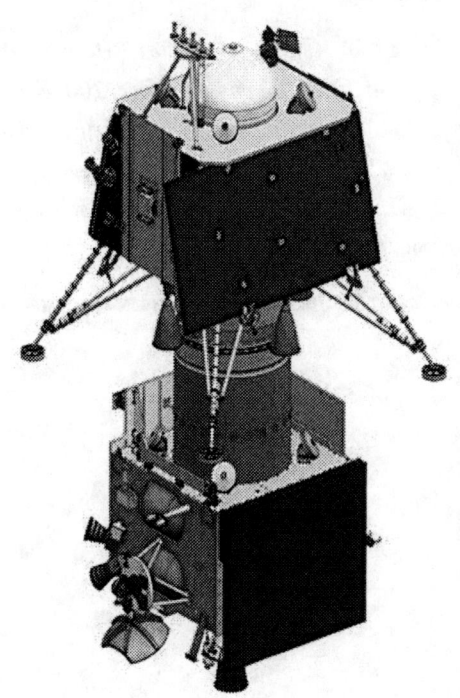

முதலில் 2018 மார்ச்சில் விண்கலம் ஏவத் திட்ட மிடப்பட்டது. மேலும், ஏவூர்தியில் சில ஓர்வுகள் செய்ய, 2018 ஏப்பிரலில் இருந்து அக்டோபர் வரை காலந்தாழ்த்தப்பட்டது. 2019, சூன் 19 இல் நடந்த நான்காம் ஒட்டுமொத்த தொழில்நுட்ப மீள் பார்வைக் கூட்டத்தில் உருவமைப்பிலும் தரை யிறங்கும் வரிசையிலும் நடைமுறைப்படுத்தலில் பல மாற்றங்கள் திட்ட மிடப்பட்டதால் ஏவுதல் 2019 முதல் அரை யாண்டுக்கு தள்ளிப் போக

நேர்ந்தது. 2019 பிப்ரவரியில் நடந்த ஆய்வுகளில் தரையிறங்கியின் கால்களில் இரண்டு சிறு சிதைவுக்கு உள்ளானது.

சந்திராயன்-2, 2019 ஆம் ஆண்டு சூலை 15 ஆம் நாள் அதிகாலை 2.51 மணிக்கு ஸ்ரீஹரிகோட்டாவில் உள்ள சத்தீசு தவான் விண்வெளி மையத்தில் இருந்து ஏவத் திட்டமிடப்பட்டிருந்தது. விண்கலம் ஏவப்பட 56 மணித்துளிகள் இருந்த போது, சந்திராயன்-2 திட்டம் தற்காலிகமாக நிறுத்தப்படுவதாக அறிவிக்கப்பட்டது. சந்திராயனை ஏவும் ஏவுதளக் கருவியில் ஏற்பட்ட தொழில்நுட்பக் கோளாறுகளால் இவ்வாறு நிகழ்ந்தது எனவும் அறிவியல் அறிஞர்கள் தெரிவித்தனர்.

பின்னர் தொழில்நுட்பக் கோளாறுகள் சரி செய்யப்பட்டு விட்டதாகவும், சூலை 22 ஆம் நாள் பிற்பகல் 2.43 மணிக்கு சந்திராயன்-2 விண்ணில் ஏவப்பட உள்ளதாகவும் இந்திய விண்வெளி ஆராய்ச்சி நிறுவனத்தால் அறிவிக்கப்பட்டது.

சந்திரயான்-1 செயற்கைகோளில் இருந்த சூரிய மின்கலம் பழுதடைந்ததால் வரையறுத்த 100 கி.மீட்டருக்கு பதில் 200 கி.மீ. உயரத்தில் சந்திரயான் -1 சுற்றிக் கொண்டிருந்தது. எனினும் 95% பணிகளை அது முடித்துவிட்டதாக 'இஸ்ரோ' தெரிவித்துள்ளது. இந்த சூழ்நிலையில், சந்திரயான் 2 திட்டத்துக்கான செயற்கைக்கோள உருவாக்கும் பணிகள் முடிவடைந்தன.

இத்திட்டப் பணிகளின் தலைவராக மயில்சாமி அண்ணாதுரை இருந்தார்.

❖

26. இந்திய நிலாப் பயண சந்திரயான் –3 திட்டம்

சந்திரயான்-3 என்பது இந்திய நிலாப்பயண சந்திரயான் திட்டத்தில் இந்திய விண்வெளி ஆய்வு நிறுவனம் (இஸ்ரோ) திட்டமிட்டுள்ள மூன்றாவது மிக அண்மைய நிலாத் தேட்டத் திட்டமாகும். 2023 சூலையில் தொடங்கப்பட்ட இந்தத் திட்டம் 2019 இல் சந்திரயான்-2 இல் ஏவப்பட்டதைப் போன்று, விக்ரம் என்ற நிலாத் தரையிறங்கியையும், பிரக்யான் என்ற நிலாத் தரையூர்தியையும் கொண்டுள்ளது.

சந்திரயான்-3 சதீசு தவான் விண்வெளி மையத்தில் இருந்து 2023 ஜூலை 14 அன்று ஏவப்பட்டது. விண்கலம் 2023 ஆகஸ்ட் 5 அன்று நிலாவின் சுற்றுப்பாதையில் நுழைந்தது. விக்ரம் தரையிறங்கி பிரக்யான் தரையூர்தியுடன் நிலாவின் தென்முனைப் பகுதியில் ஆகஸ்ட் 23 அன்று 12:33 ஒசநே நேரத்தில் வெற்றிகரமாகத் தரை யிறங்கி, தென்முனையில் தரையிறங்கிய முதலாவது நாடாகவும், அத்துடன் நிலவில் வெற்றிகரமாகத் தரையிறங்கிய நான்காவது நாடாகவும் இந்தியாவை உருவாக்கியது. தரையிறங்கி 2023, செப்டம்பர் 3 அன்று இறங்கிய இடத்தில் இருந்து துள்ளிக் குதித்து 30–40 cm (12–16 அங்) அளவு தள்ளிய இருப்பை அடைந்தது.

விக்ரம் தரையிறங்கியும் பிரக்யான் தரையூர்தியும் செப்டம்பர் முறையே செப்டம்பர் 2 அன்றும், 4 அன்றும் இறங்கிய இடத்தில் உள்ள சூரிய ஆற்றல் அருகி வந்ததால் உறங்க வைக்கப்பட்டன. தரையிறங்கியும், தரையூர்தியும் செப்டம்பர் 22 அண்று சூரிய எழுச்சியின்போது மீண்டும் வேலை செய்ய திட்டமிடப்பட்டது. unrise on 22 September என்றாலும், செப்டம்பர் 22 அன்று விக்ரம் தரை யிறங்கியும், பிரக்யான் தரையூர்தியும் விழிப்பு அழைப்புக்குத் துலங்காமல் தவறவிட்டன.

சந்திரயான் நிகழ்நிரலின் இரண்டாம் கட்டமாக, சந்திரயான்-2 ஏவூர்தி மார்க் 3 (LVM 3) வழியாக விண்ணில் இந்திய விண்வெளி ஆய்வு மையம் ஏவியது. இதில் ஒரு சுற்றுகலனும் ஒரு தரை யிறங்கியும் ஒரு தரையூர்தியும் இருந்தன. இதன் நோக்கம் தரை யிறக்கியை மெதுவாக நிலாத்தரையில் 2019 செப்டம்பரில் இறக்கி தரை ஊர்தியை நிலாவில் இயக்குதலாகும். முந்தைய அறிக்கைகளில்

இருந்து இந்தியாவும், ஜப்பானும் கூட்டாக நிலாத் தென்முனைக்குச் செல்லத் திட்டமிட்டது தெரிய வந்துள்ளது. இதில் யப்பான் ஏவுகலத்தையும் தரையூர்தியையும் இந்தியா தரையிறக்கியையும் வடிவமைப்பதாக இருந்துள்ளது. இத்திட்டத்தில் களப் பதக்கூறுகள் எடுத்தலும் நிலாவில் இரவில் வாழும் தொழில்நுட்பங்களும் அடங்கியுள்ளன.

சந்திரயான்-2 திட்ட விக்ரம் தரையிறங்கியின் மென்மையான தரையிறக்கம் பொய்த்துப் போனதால், 2025 ஆம் ஆண்டின் கூட்டுச் செயல் திட்டத்தைச் சிறப்பாக முடிக்க, நிலாவில் மெதுவாகத் தரை யிறங்கும் மற்றொரு திட்டம் இந்தியாவுக்குத் தேவையாகி விட்டது.

ஐரோப்பிய விண்வெளி முகமை (ESA) இயக்கும் ஐரோப்பிய விண்வெளிக் கண்காணிப்பு (எசுட்டிராக்) ஓர் ஒப்பந்தப்படி இத்திட்டத்துக்கு ஒத்துழைப்பு நல்கும். இந்தப் புதிய இணை ஒத்துழைப்பு ஏற்பாட்டின் கீழ் ஐரோப்பிய விண்வெளி மையம் முதல் இந்திய மனித விண்வெளிப் பயணத் திட்டமான ககன்யான்-1, சந்திரயான்-3 நிலாச் செயற்கைக்கோள், சூரிய ஆராய்ச்சித் திட்ட மான ஆதித்யா-எல்-1 போன்ற இஸ்ரோவின் விண்வெளிப் பயணத் திட்டங்களுக்கு ஒத்துழைப்பு நல்கும். கைம்மாறாக, எதிர்கால எசா (ESA) திட்டங்கள், இஸ்ரோ இயக்கும் இந்திய விண்வெளி ஆய்வு நிறுவனம் (இசுட்டிராக்) நிலையங்களின் ஒத்துழைப்பைப் பெறும்.

நோக்கம்

இந்திய விண்வெளி ஆய்வு நிறுவனம் சந்திரயான்-3 இன் நோக்கங் களாகப் பின்வருபவற்றைக் கொண்டுள்ளது.

1. தரையிறங்கியைப் பாதுகாப்பாகவும், மெதுவாகவும் நிலாத் தரையில் இறக்கி விடல்.

2. நிலாவில் தரையூர்தி உலாவும் திறன்களை நோக்கீட்டாலும், செயல் விளக்கத்தாலும் நிறுவுதல்.

3. நிலாவின் உட்கூற்றை நன்கு புரிந்து கொள்ளவும், நடை முறைக்குப் பயன்படுத்தவும் நிலாத்தரையில் கிடைக்கும் வேதி,

இயல் தனிமங்களின் மீது களத்திலேயே அறிவியல் செய்முறை களை மேற்கொண்டு அவற்றின் நோக்கீடுகளைப் பதிவு செய்தல், கோளிடை எனும் சொல் இருகோள்களுக்கு இடையே தேவைப் படும் தொழில்நுட்பங்களை உருவாக்கிச் செயல்படுத்தலைக் குறிக்கும் அடைமொழியாகும்.

செலுத்தப் பெட்டகம்

செலுத்தப் பெட்டகம் நிலாவின் 100 கி.மீ வட்டணை வரையில் தரையிறங்கியையும், தரையூர்தியையும் கொண்டு செல்லும். இது ஒரு பக்கத்தில் சூரியப் பலகமும் உச்சியில் பெரிய உருளையும் (பெட்டகத்திடை தகவமைக்கும் கூம்பு) பூட்டிய பேழை போன்ற கட்டமைப்பாகும். இந்தக் கூம்பில் தரையிறங்கி அமர்கிறது.

தரையிறங்கியோடு, இப்பெட்டகம் வாழ்தகவு புவிக்கோள் கதிர்நிரல்-முனைமை அளவி (SHAPE) எனும் கருவியைப் புவியின் கதிர் நிரலையும் முனைமை அளவுகளையும் நிலா வட்டணையில் இருந்து அளக்க கொண்டு செல்லப்படுகிறது.

27. இஸ்ரோ சாதனைகளும், சாதித்தவர்களும்

இந்திய விண்வெளி ஆராய்ச்சி நிறுவனம் (இஸ்ரோ) ஆண்டுதோறும் பல்வேறு சாதனைகள் புரிந்து உலகின் முன்னோடி விண்வெளி ஆராய்ச்சி நிறுவனமாகத் திகழ்ந்து வருகிறது. 2023 ஆம் வருடம் இந்திய விண்வெளி ஆராய்ச்சி நிறுவனம் குறிப்பிடத்தக்க சில சாதனைகளைப் படைத்துள்ளது.

அந்த சாதனைகளைக் குறித்துப் பார்ப்போம் :

சந்திரயான் 3 :

நிலவின் தென் துருவத்தில் தரையிறங்கி ஆய்வுப் பணிகளை மேற் கொள்ளும் வகையில் சந்திரயான் - 3 திட்டம் உருவாக்கப்பட்டது. அதன்படி கடந்த ஜூலை 14ஆம் தேதி ஸ்ரீஹரிகோட்டாவில் உள்ள இஸ்ரோ விண்வெளி ஆராய்ச்சி நிறுவனத்தில் இருந்து சந்திரயான் - 3 விண்கலம் ஏவப்பட்டது.

புவிவட்டப்பாதையில் சுற்றிக்கொண்டிருந்த சந்திரயான் - 3 விண்கலம் ஆகஸ்ட் 5 ஆம் தேதி நிலவின் சுற்று வட்டப்பாதைக்குள் நுழைந்தது. சந்திரயான் -3 விண்கலம் ஆகஸ்ட் 23 ஆம் தேதி நிலவின் தென் துருவத்தில் தரையிறங்கியது.

சந்திரயான் - 3 விண்கலத்தின் விக்ரம் லேண்டர் நிலவில் தரை யிறங்கியது. இதன் மூலம் நிலவின் தென் துருவத்தில் வெற்றிகரமாக தரையிறங்கிய முதல் நாடு என்ற பெருமையை இந்தியா பெற்றது. ஆகஸ்ட் 24 ஆம் தேதி விக்ரம் லேண்டரில் இருந்து வெளியேறிய பிரக்யான் ரோவர் நிலவின் தென் துருவத்தில் தடம் பதித்தது.

விக்ரம் லேண்டரில் இருந்து வெளியேறிய பிரக்யான் ரோவர் நிலவின் தென் துருவத்தில் பயணித்து ஆய்வுப் பணிகளை மேற் கொண்டது. நிலவில் தரையிறங்கிய விக்ரம் லேண்டரையும், நிலவின் மேற்பரப்பையும் பிரக்யான் ரோவரில் இருந்த கேமரா புகைப்படம் பிடித்து பூமிக்கு அனுப்பியது. மேலும், நிலவின் தென் துருவத்தில் சல்பர் உள்பட பல்வேறு தனிமங்கள் இருப்பதை கண்டுபிடித்து முடிவுகளை பூமிக்கு அனுப்பியது.

நிலவில் சந்திரயான் - 3 விண்கலம் தரையிறங்கிய பகுதிக்கு 'சிவசக்தி' பகுதி என்று பெயரிடப்பட்டுள்ளது. நிலவின் தென் துருவத்தில் ஆய்வுப் பணிகளை மேற்கொண்ட பிரக்யான் ரோவர் மற்றும் விக்ரம் லேண்டர் செப்டம்பர் 4ம் தேதி உறக்க நிலைக்கு சென்றது.

ஆதித்யா எல்-1 :

சூரியனை ஆய்வு செய்வதற்கு கடந்த செப்டம்பர் 2 ஆம் தேதி பி.எஸ்.எல்.வி. சி-57 ராக்கெட் மூலம் ஆதித்யா எல்-1 விண்கலம் விண்ணில் ஏவப்பட்டது.

பூமிக்கும் சூரியனுக்கும் இடையே லாக்ராஞ்சியன் புள்ளி-1 என்ற பகுதி உள்ளது. பூமியில் இருந்து 15 லட்சம் கிலோமீட்டர் தொலை வில் இந்த பகுதி உள்ளது.

ஆதித்யா எல் -1 விண்கலம் சூரியனை 125 நாட்கள் பயணம் செய்து லாக்ராஞ்சியன் புள்ளி-1 பகுதிக்கு சென்றடைய உள்ளது. அங்கிருந்து சூரியனின் செயல்பாடுகளை ஆதித்யா எல்-1 விண்கலம் ஆய்வு செய்கிறது.

ஜிஎஸ்எல்வி மார்க்-3:

இங்கிலாந்து நாட்டின் ஒன்வெப் நிறுவனத்தின் 36 செயற்கைக் கோள்களை இஸ்ரோ விண்ணில் ஏவியது. மார்ச் 26ஆம் தேதி 36

செயற்கைக்கோள்களுடன் ஜிஎஸ்எல்வி மார்க்-3 ராக்கெட் வெற்றிகரமாக விண்ணில் ஏவப்பட்டது. வணிக நோக்கத்துடன் இந்த ராக்கெட் வப்பட்டது. புவி சுற்றுவட்டப்பாதையில் 450 கிலோ மீட்டர் தொலைவில் 36 செயற்கைக்கோள்களும் வெற்றிகரமாக நிலை நிறுத்தப்பட்டுள்ளன.

விண்வெளி ஆய்வுப்பணிகளை மேற்கொள்ள இஸ்ரோ செயற்கைக்கோள்களை விண்ணுக்கு அனுப்பி வருகிறது. ஒவ்வொரு முறையும் செயற்கைக்கோள்களை விண்ணுக்கு அனுப்ப புதிய ராக்கெட்டுகள் வடிவமைக்கப்படுகின்றன. செயற்கைக்கோள்களை சுமந்து சென்று விண்ணுக்கு அனுப்பி விட்டு ராக்கெட் பாகங்கள் கடலில் விழுந்துவிடும். அந்த ராக்கெட்டை மீண்டும் பயன்படுத்த முடியாது.

இந்நிலையில், செயற்கைக்கோள்களை விண்ணுக்கு அனுப்பும் ராக்கெட்டுகளை மீண்டும் பயன்படுத்தும் முயற்சியில் இஸ்ரோ ஈடுபட்டு வருகிறது. அந்த வகையில், ஏப்ரல் 2 ஆம் தேதி மறு பயன்பாட்டு ராக்கெட் பரிசோதனையை இஸ்ரோ மேற் கொண்டது. இந்திய விமானப்படையின் சினூக் ஹெலிகாப்டரில் ராக்கெட் வாகனம் கொண்டு செல்லப்பட்டது. நடுவானில் 4.5 கிலோமீட்டர் உயரத்தில் ஹெலிகாப்டரில் இருந்து ராக்கெட் வாகனம் தனியாக அனுப்பப்பட்டது.

அதன் பின்னர், ராக்கெட் தன்னிச்சையாக செயல்படத் தொடங்கியது. ராக்கெட்டில் பயன்படுத்தப்பட்டிருந்த ஒருங்கிணைந்த நேவிகேசன் வழிகாட்டி கட்டுப்பாட்டு தொழில்நுட்பத்தை பயன்படுத்தி ராக்கெட் வாகனம் வெற்றிகரமாக தரையிறங்கியது. இதன் மூலம் இந்த சோதனை வெற்றியடைந்துள்ளது.

ககன்யான் திட்டம் :

இந்திய விண்வெளி ஆய்வு நிறுவனத்தின் ககன்யான் திட்டம் என்பது விண்வெளிக்கு மனிதர்களை அனுப்பும் திட்டமாக உள்ளது. மனிதர்களை விண்ணுக்கு அனுப்பும் ககன்யான் திட்டம் 2025 ஆம் ஆண்டு செயல்படுத்தப்பட உள்ளது. இந்த திட்டத்தை செயல்படுத்த இஸ்ரோ பல்வேறு முன் ஏற்பாடுகளை செய்து வருகிறது.

அதன்படி, கடந்த அக்டோபர் 22 ஆம் தேதி ககன்யான் விண்கலம் போன்ற மாதிரி விண்கலத்தை சிறிய வகை ராக்கெட் மூலம் இஸ்ரோ ஏவியது பூமியில் 17 கிலோ மீட்டர் உயரத்தில் ராக்கெட்டில் இருந்து பிரிந்த ககன்யான் மாதிரி விண்கலம் ஸ்ரீஹரிகோட்டாவில் இருந்து 10 கிலோமீட்டர் தொலைவுக்குள் பாரசூட்டுகள் மூலம் வங்கக்கடலில் வெற்றிகரமாக விழுந்தது.

அந்த மாதிரி விண்கலத்தை மீட்ட கடற்படையினர் விண்கலத்தை இஸ்ரோவிடம் ஒப்படைந்தனர். ககன்யான் சோதனை ஓட்டம் வெற்றி பெற்ற நிலையில் திட்டத்தின் அடுத்தக் கட்டத்தை செயல் படுத்த இஸ்ரோ நடவடிக்கை எடுத்து வருகிறது.

செவ்வாய் கோளை மங்கள்யான் வெற்றிகரமாக ஆராய்ச்சி செய்ய ஆரம்பித்திருக்கும் இந்த நேரத்தில் அந்தத் திட்டத்தின் முக்கிய பொறுப்புகளில் இருப்பவர்கள் தமிழ்நாட்டைச் சேர்ந்த விஞ்ஞானிகள் என்பதும் அவர்கள் தமிழ் வழியில் படித்து உலகம் வியக்கும் இந்த முயற்சியில் வெற்றி கண்டிருக்கிறார்கள் என்பதும் கவனிக்க வேண்டியது.

மங்கள்யான் விண்கலம் செவ்வாய் கிரகத்தின் சுற்றுப் பாதையில் வெற்றி கரமாகத் நிறுத்தப்பட்டுவிட்டது. புகைப்படங்களை எடுத்து செவ்வாய் கோளை ஆராய்ச்சி செய்யும் பணியையும் மங்கள்யான் தொடங்கிவிட்டது. முதல் முயற்சியிலேயே இந்த விண்கலம் வெற்றியை அடைந்திருப்பது, சாதாரண விஷயமல்ல.

செவ்வாய்க்கு விண்கலத்தைச் செலுத்தி இருக்கும் நான்காவது நாடு இந்தியா. அதுவும் ஒரு வளரும் நாடு உலக நாடுகளுக்கெல்லாம் இது ஆச்சரியமூட்டும் தலைப்புச் செய்தி. அதே நேரம் நமக்கு இது வெறும் செய்தி மட்டுமல்ல. நாட்டை பெருமிதத்தில் ஆழ்த்தும் உணர்வு.

இந்த வேளையில் இந்த வெற்றிக்குப் பின்னாலுள்ள விஞ்ஞானிகள் நினைவு கூரத்தக்கவர்கள். அவர்களில் மயில்சாமி அண்ணாதுரை, சுப்பையா அருணன் ஆகியோர் குறிப்பிடத்தகுந்தவர்கள்.

இவர்கள் இருவரும் தமிழ்நாட்டைச் சேர்ந்தவர்கள். அதுமட்டு மல்ல சிறப்பு. இருவரும் தங்கள் பள்ளிக் கல்வியை தாய்மொழியில் பயின்றவர்கள். தாய்மொழியான தமிழ்வழிக் கல்வி புறக்கணிக்கப் படும் இந்தக் காலகட்டத்தில், இவர்களின் வெற்றியைக் குறிப்பிட்டுச் சொல்ல வேண்டியது அவசியம் ஆகிறது.

மயில்சாமி அண்ணாதுரை

2008 விண்ணில் செலுத்தப்பட்ட சந்திரயான் -1 விண்கலத் திட்டத்தின் இயக்குநர் இவர் தான். இந்த வெற்றியின் மூலம் மயில்சாமி அண்ணாதுரைக்கு இந்திய அளவிலான கவனம் கிடைத்தது. இவர், கோவை மாவட்டத்திலுள்ள கோதாவடி கிராமத்தில் பிறந்தவர். இவரது தந்தை ஓர் ஆசிரியர் தனது பள்ளிக் கல்வியைத் தாய்மொழியான தமிழிலேயே படித்தார்.

பொறியியல் இளநிலைப் பட்டப் படிப்பை அரசு தொழில்நுட்பக் கல்லூரியிலும், பொறியியல் முதுநிலைப் பட்டப் படிப்பை பூ.சா.கோ தொழில்நுட்பக் கல்லூரியிலும் படித்தார் பொறியியல் துறையில் முனைவர் பட்டத்திற்கான ஆய்வை சென்னை அண்ணா பல்கலைக்கழகத்தில் முடித்தார்.

இந்திய விண்வெளி ஆய்வுக் கழகமான இஸ்ரோவில் 1982-ல் அடிப்படை ஆய்வாளராகப் பணிக்குச் சேர்ந்தார். தனது தனிப் பட்ட திறமையால் படிப்படியாக உயர்ந்தார். அவரது அயராத உழைப்பால் சந்திரயான் - 1 திட்டத்தின் இயக்குநராக நியமிக்கப் பட்டார்.

தனக்குக் கொடுக்கப்பட்ட பணியைச் சிறப்பாகச் செய்து இந்தியா வின் முதல் நிலவு விண்கலனை வெற்றிகரமாகச் செலுத்தி நாட்டுக்குப் பெருமையைத் தேடித் தந்தார். அவரது வெற்றியின் தொடர்ச்சிதான் இந்த மங்கள்யான்.

மயில்சாமி அண்ணாதுரை தமிழ் மொழிப் புலமையும் கொண்டவர். பத்திரிகைகளில் தொடர்ந்து கட்டுரை எழுதி வருகிறார். வளரும்

அறிவியல் என்ற அறிவியல் இதழின் கௌரவ ஆசிரியராக இருக் கிறார். தமிழ் மொழிக்கு அறிவியல் கலைச் செல்வங்களைக் கொண்டு வந்தால்தான் தமிழ் மொழி பிழைக்கும் என்றார் பாரதியார். இவரைப் போன்ற சிலரால் அது சாத்தியமாகி வருகிறது.

முனைவர். இரீது கரித்தல் சிறீவத்சவா

இந்திய விண்வெளி ஆய்வு மையத்தில் (இஸ்ரோ) பணிபுரியும் ஒரு இந்திய அறிவியலாளர் ஆவார். இவர் இந்தியா வின் செவ்வாய் சுற்றுகலன் திட்டத்தின் துணை செயல்பாட்டு இயக்குநராக இருந் தார். இவர் இந்தியாவின் 'இராக்கெட் பெண்' என்று குறிப்பிடப்படுகிறார். இவர், இலக்னோவில் பிறந்து வளர்ந்த ஓர் வான்வெளிப் பொறியியல் ஆவார். இவர் சந்திரயான் - 2 திட்டப் பணியின் இயக்குநராக மேற்பார்வையிட்டார்.

கரித்தல், உத்தரபிரதேசத்தில் இலக்னோவில் ஒரு நடுத்தர குடும்பத்தில் பிறந்து வளர்ந்தார். இவரது குடும்பம் கல்விக்கு அதிக முக்கியத்துவம் கொடுத்தது. இவருக்கு இரண்டு சகோதரர்களும், இரண்டு சகோதரி களும் உள்ளனர். இவர் தான் வாழ்வில் வெற்றி பெற வளங்களின் பற்றாக்குறையாலும், பயிற்சி நிறுவனங்களில் பயிற்சிகள் கிடைக் காததும் சுய உந்துதலை மட்டுமே நம்பியிருந்தார்.

ஒரு குழந்தையாக, இவருடைய ஆர்வம் விண்வெளி அறிவியலில் இருப்பதாக அறிந்து கொண்டார். இரவு வானத்தை மணிக்கணக்கில் பார்த்து, விண்வெளியைப் பற்றி யோசித்தவர், சந்திரனைப் பற்றி ஆச்சரியப்பட்டு, அது எப்படி அதன் வடிவத்தையும் அளவையும் மாற்றுகிறது என வியந்து நட்சத்திரங்களைப் பற்றி படித்தார்.

மேலும், இருண்ட இடத்தின் பின்னால் என்ன இருக்கிறது என்பதை அறிய விரும்பினார். தனது பதின்ம வயதில், விண்வெளி தொடர் பாக வெளியான எந்த ஒரு செய்தி வந்தாலும் அந்தச் செய்தித்தாள்

துண்டுகளை சேகரிக்கத் தொடங்கினார். மேலும், இந்திய விண்வெளி ஆய்வு மையத்தையும், நாசாவின் செயல்பாடுகளையும் கண்காணித்தார்.

இவர், இலக்னோ பல்கலைக்கழகத்தில் இயற்பியலில் இளம் அறிவியல் பட்டத்தையும், முதுநிலை அறிவியல் பட்டத்தையும் பெற்றார். மேலும், இலக்னோ பல்கலைக்கழகத்தில் இயற்பியல் துறையில் முனைவர் பட்டப்படிப்பில் சேர்ந்தார். பின்னர் அதே துறையில் கற்பித்தார். இலக்னோ பல்கலைக்கழகத்தில் ஆறு மாதங்கள் ஆராய்ச்சி அறிஞராக இருந்தார். வான்வெளிப் பொறியியலில் முதுநிலைப் படிப்புக்காக பெங்களூரில் உள்ள இந்திய அறிவியல் நிறுவனத்தில் சேர்ந்தார்.

2019 ஆம் ஆண்டு வருடாந்திர மாநாட்டின் போது இலக்னோ பல்கலைக் கழகத்தால் இவருக்கு மதிப்புறு முனைவர் பட்டம் வழங்கப்பட்டது.

1997 முதல் இந்திய விண்வெளி ஆய்வு மையத்தின், செவ்வாய் சுற்றுகலன் திட்ட வளர்ச்சியில் இவர் முக்கியப் பங்காற்றினார். இந்தப் பணியின் துணை செயல்பாட்டு இயக்குநராகவும் இருந்தார்.

செவ்வாய் சுற்றுகலன் திட்டமானது இந்திய விண்வெளி ஆய்வு மையத்தின் மிகப்பெரிய சாதனைகளில் ஒன்றாகும். செவ்வாய் கிரகத்தை அடைந்த உலகின் நான்காவது நாடாக இந்தியா உருவெடுத்தது. இது 18 மாத காலத்தில் செய்யப்பட்டது. மேலும், மிகக் குறைந்த செலவில் 450 கோடி ரூபாய் மட்டுமே செலவழிக்கப் பட்டது.

ஐக்கிய இராச்சியம் 2021இல் ஜி7 நாடுகளின் தலைமைப் பொறுப் பேற்றபோது, அந்நாட்டின் பெண்கள் மற்றும் சமத்துவ அமைச்ச ரான இலிஸ் திரசால் என்பவரால் புதிதாக உருவாக்கப்பட்ட பாலின சமத்துவ ஆலோசனை அமைப்புக்கு சாரா சாண்ட்ஸ் என்பவர் தலைமையில் நியமிக்கப்பட்டார்.

கல்பனா கலாகத்தி

இந்திய விண்வெளி ஆராய்ச்சி நிறுவனத்தில் (இஸ்ரோ) பணிபுரியும் இந்தியப் பெண் அறிவியலாளரும் விண்வெளி பொறியாளரும் ஆவார். இவர் சந்திரயான் - 3 திட்டத்தின் துணை திட்ட இயக்குநராக பணியாற்றுகிறார். இந்தியாவின் பல்வேறு செயற்கைக்கோள்களை உருவாக்குவதில் கல்பனா முதன்மைப் பங்கு வகித்துள்ளார். மேலும் சந்திரயான் 2, மங்கள்யான் திட்டங்களில் ஈடுபட்டுள்ளார்.

கல்பனா 1980 இல் பெங்களூரில் பிறந்தார். கோரக்பூரில் உள்ள இந்திய தொழில்நுட்ப நிறுவனத்தில் வானூர்திப் பொறியியலில் பட்டம் பெற்றார்.

2003 ஆம் ஆண்டில் இவர் இஸ்ரோவில் அறிவியலாளராகச் சேர்ந்தார். ஆரம்ப ஆண்டுகளில் கல்பனா பல்வேறு செயற்கைக் கோள் திட்டங்களில் பணியாற்றினார். பல தகவல் தொடர்பு, தொலை உணர்வுத் செயற்கைக்கோள்களை வெற்றிகரமாக ஏவுவதில் முதன்மையான பங்கு வகித்தார். துல்லியமான செயற்கைக்கோள் நிலைப்படுத்தலுக்கான உந்துவிசை அமைப்புகளை உருவாக்குவதில் இருந்து புவியின் உயர் தெளிவுத்திறன் கொண்ட படங்களைப் பிடிக்க மேம்பட்ட படிமமாக்கக் கருவிகளை வடிவமைப்பதில் அவர் முன்னணியில் உள்ளார். அவர் செவ்வாய் சுற்றுகலன் (மங்கள்யான்) திட்டத்திலும், சந்திரயான் - 2 திட்டத்திலும் பங்கேற்றார்.

2019 ஆம் ஆண்டில் சந்திரயான் - 3 திட்டத்தின் துணை திட்ட இயக்குநராக நியமிக்கப்பட்ட அவர், நிலாத் தரையிறங்கி அமைப்புகளை வடிவமைத்து மேம்படுத்துவதில் முதன்மைப் பங்கு வகித்தார்.

உடுப்பி ராமச்சந்தி ர ராவ்

இவர் பொதுவாக உ.ரா.ராவ் என அறியப் படுகிறார். இவர் ஒரு விண்வெளி அறிவியல் விஞ்ஞானி ஆவார். இந்திய விண்வெளி ஆய்வு மையத்தின் தலைவராக முன்னர் பணியாற்றி யிருக்கிறார். அகமதாபாத்தில் அமைந்துள்ள இயற்பியல் ஆய்வு மையத்தில் பணியாற்றி யவர். இவர் இந்திய அரசின் பத்ம பூசன் விருதை 1976 ஆம் ஆண்டு பெற்ற இவருக்கு, 2017 இல் பத்ம விபூசண் வழங்கப்பட்டது. தனது இளங்கலை அறிவியல் படிப்பை சென்னைப் பல்கலைக் கழகத்தில் முடித்தவர். பின்னர், முதுகலை அறிவியல் படிப்பை பனாரஸ் இந்து பல்கலைக் கழகத்திலும், முனைவர் படிப்பை குஜராத் பல்கலைக்கழகத்திலும் படித்தார்.

கர்நாடக மாநிலத்தின் உடுப்பியில் அடமாறு என்ற கிராமத்தில் பிறந்தார். இவரது பெற்றோர் இலட்சுமிநாராயண ஆச்சார்யா மற்றும் கிருஷ்ணவேணி அம்மா. அடமாறுவில் தனது ஆரம்பக் கல்வியை முடித்த இவர், உடுப்பி கிறுத்துவப் பள்ளியில் தனது மேல்நிலைக் கல்வியை முடித்தார். பின்னர், அனந்தபூர் அரசு கலை, அறிவியல் கல்லூரியில் இளங்கலை அறிவியலை முடித்த இவர், பனாரசு இந்து பல்கலைக்கழகத்தில் முதுகலை அறிவியலை முடித்தார். பின்னர், டாக்டர் விக்ரம் சாராபாயின் வழிகாட்டுதழின் பேரில் அகமதாபாத்தில் உள்ள குஜராத் பல்கலைக்கழகத்தின், இயற்பியல் ஆராய்ச்சி ஆய்வகத்தில் தனது முனைவர் ஆராய்ச்சியை முடித்தார்.

பழனிவேல் வீரமுத்துவேல்

இந்திய விண்வெளி ஆராய்ச்சி நிறுவனத்தில் பணிபுரியும் இந்திய விண்வெளி பொறியாளர் ஆவார். சந்திரயான்-3 திட்டத்தின் திட்ட இயக்குநராக பணியாற்றினார்.

வீரமுத்துவேல் 1976 ஆம் ஆண்டு அக்டோபர் 22 ஆம் தேதி இந்தியா வில் தமிழ்நாடு விழுப்புரத்தில் பிறந்தார். அவர் விழுப்புரத்தில் உள்ள

ரயில்வே பள்ளியில் பயின்றார் மற்றும் விழுப்புரம் ஏழுமலை பாலிடெக்னிக் கல்லூரியில் மெக்கானிக்கல் இன்ஜினியரிங் டிப்ளமோ பெற்றார்.

சென்னையிலுள்ள ஸ்ரீ சாய்ராம் பொறியியல் கல்லூரியில் பிடெக் மெக்கானிக்கல் இன்ஜினியரிங் பட்டப்படிப்பிலும், பின்னர் என்ஐடி திருச்சியில் எம்டெக் பட்டப் படிப்பிலும் பயின்றார் . 2011 முதல் 2015 வரை ஐஐடி மெட்ராஸில் பிஎச்டி முடித்தார்.

வீரமுத்துவேல், கோவை லட்சுமி இன்ஜினியரிங் ஒர்க்ஸ் நிறுவனத்தில் முதுநிலை பொறியாளராக பணியில் சேர்ந்தார். பின்னர் அவர் இந்துஸ்தான் ஏரோநாட்டிக்ஸ் லிமிடெட் பெங்களூரின் ஹெலிகாப்டர் பிரிவின் ரோட்டரி விங் ஆராய்ச்சி மற்றும் வடிவமைப்பு மையத்தில் சேர்ந்தார். அவர் 2004 இல் இஸ்ரோவில் சேர்ந்தார். அங்கு அவர் பல திட்டங்களில் பணிபுரிந்தார் மற்றும் இரண்டாவது மார்ஸ் ஆர்பிட்டர் மிஷனுக்கான திட்டமிடல் உட்பட பல்வேறு பொறுப்புகளை வகித்தார். இணையாக, ஐஐடி மெட்ராஸில் முதுகலைப் படிப்பை முடித்தார்.

வீரமுத்துவேல், இஸ்ரோவின் முதன்மை அலுவலகத்தின் விண்வெளி உள்கட்டமைப்புத் திட்டத்தின் துணை இயக்குநராகப் பணியாற்றியுள்ளார். 2019 இல், அவர் சந்திரயான் 3 பணியின் இயக்குநராக நியமிக்கப்பட்டார்.

சந்திரயான்-2 திட்டத்தை அதன் திட்ட இயக்குநராக மேற்பார்வையிட்ட முத்தையா வனிதாவுக்குப் பிறகு அவர் பதவியேற்றார் . அவர் சந்திரயான்-2 திட்டத்தில் முக்கிய பங்கு வகித்தார், திட்டத்தின் வாய்ப்புகள் மற்றும் அறிவியலில் நாசாவுடன் ஒருங்கிணைத்தார்.

மீனல் ரோகித்

இந்திய விண்வெளி ஆய்வு மையத்தில் தொகுப்புப் பொறியியலாளர். இவர் செவ்வாய் கோளிற்கு விண்வெளி சோதனைக் கலன் (மங்கல்யான்) அனுப்புவதில் பெரும் பங்காற்றினார்.

குஜராத்தின் அகமதாபாத்திலுள்ள நிர்மா தொழிற்நுட்பக் கழகத்தில் பட்டம் பெற்றவுடன் மீனல் இந்திய விண்வெளி ஆய்வு மையத்தில் பணிக்குச் சேர்ந்தார். செவ்வாய் சுற்றுகலன் திட்ட அணியில் இயந்திரப் பொறியாளர்களுடன் பணிபுரிந்தார். சுற்றுக் கலனின் தொகுப்புப் பொறியியல் அமைப்பையும் மீத்தேன் உணரிகளையும் கவனித்து வந்தார்.

சிறுமியாக ஓர் மருத்துவராக விரும்பினார். எட்டாம் அகவையில் தொலைக்காட்சியில் விண்வெளி குறித்த நிகழ்வொன்றில் மனம் மாறி இத்துறையில் ஆர்வம் கொண்டார். தனது படிப்பின்போது உடன் மாணவர்கள் கிடைக்கப்போகும் சம்பளத்தைக் கொண்டே தங்கள் பணி வாழ்வை அமைத்துக் கொள்ளும் போக்கைக் கண்டார். இருப்பினும் அவர் முழுமையான கல்வி பெறுவதையே நாட்டமாகக் கொண்டார். 1999இல் குஜராத் பல்கலைக்கழகத்தில் பட்டம் பெற்றார். தொலைத் தொடர்பில் விண்வெளிப் பயன்பாடுகள் மையம் பி.டெக் பட்டம் வழங்கியது; இணையாக நிர்மா தொழிற்நுட்பக் கழகத்தில் மின்னியல், தொலைத்தொடர்பில் தங்கப் பதக்கம் வென்றார்.

மீனல் தமது பணிவாழ்வை இந்திய விண்வெளி ஆய்வு மையத்தில் செயற்கைக்கோள் தொடர்பியல் பொறியாளராகத் துவங்கினார்; பின்னர் விண்வெளிப் பயன்பாடுகள் மையத்திற்கு மாறினார். செவ்வாய் சுற்றுகலன் திட்டத்தில் பணியாற்றிய 500 அறிவியலாளர்களிலும், பொறியாளர்களிலும் ஒருவராக பங்கேற்றார். இத் திட்டத்தின் அமைப்பு பொறியாளராக சுற்றுக்கலன் எடுத்துச் சென்ற உணரிகளை சோதிக்கவும், ஒருங்கிணைக்கவும் உதவினார். இரண்டாண்டுகளாக எந்தவொரு பணி விடுப்பும் எடுக்காமல்

திட்டம் சிறப்பாக நிறைவுற பாடுபட்டார்.

ரோகித் சந்திரயான் - II போன்ற வருங்காலத் திட்டங்களுக்கு தலைமைப் பொறியாளராகவும், திட்ட மேலாளராகவும் பணியாற்றினார். தற்போது இந்திய விண்வெளி ஆய்வு மையத்தில் துணை திட்ட இயக்குநராக உள்ளார். இந்தத் தேசிய விண்வெளி முகமையின் முதல் பெண் இயக்குநராக பொறுப்பேற்க உழைத்து வருகிறார்.

இந்திய விண்வெளி ஆய்வு மையத்தின் மங்கல்யான் குறிப்பணியில் பணிபுரியும் 500 அறிவியலாளர்களில் ஒருவரும் இத்திட்டத்தில் பங்கேற்கும் பத்து பெண்களில் ஒருவரும் ஆவார். திட்ட மேலாளராகவும் அமைப்பு பொறியாளராகவும் மீத்தேன் உணரி (MSM), லைமேன்-ஆல்ஃபா ஒளி அளவி (LAP), வெப்ப அகச்சிவப்பு படமாக்கும் நிறமாலைமானி (TIS), செவ்வாய் (கோள்) வண்ண ஒளிப்படக் கருவி (MCC) ஆகியவற்றை விண்கலத்தில் ஒருங் கிணைக்கும் பணியை மேற்கொண்டார். இந்திய விண்வெளி ஆய்வு மையத்தின் மூத்த பொறியாளர்களில் ஒருவராக உள்ளார்.

இந்தியாவின் வெற்றிகரமான முதல் நிலவுச் சலாகையான சந்திரயான்-1 திட்டத்தை அடுத்து திட்டமிடப்பட்டுள்ள சந்திரயான்-2 பின்தொடர் திட்டத்தில் தற்போது இவர் பணியாற்று கிறார். இத்திட்டத்தில் இவரது முதன்மைப் பணி இன்சாட்-3DS செயற்கைக்கோளிலிருந்து பெறப்படும் வளிமண்டலத் தரவு களையும், அவற்றின் தரத்தையும் மேம்படுத்துவதாகும்.

2007ஆம் ஆண்டு ரோகித் தொலை மருத்துவம் தொடர்பான திட்ட பங்கேற்புக்காக இந்திய விண்வெளி ஆய்வு மையத்தின் இளம் அறிவியலாளர் தகுதி விருது பெற்றார். 2013ஆம் ஆண்டு இந்திய தேசிய செயற்கைக்கோள் தொகுதி முப்பரிமாண விண்வெளி சார் கலன்களில் பங்கேற்றமைக்காக இஸ்ரோ சிறந்த அணிக்கான விருது பெற்றார். செவ்வாய் கோளிற்கு சோதனைக் கலன் அனுப்பும் திட்டத்தில் பல இடைஞ்சல்களுக்கு இடையேயும் 15 மாதங்களில் திட்டத்தை நிறைவேற்றியதற்காக இவரையும் இவரது திட்ட சக பணியாளர்களையும் பிரதமர் மன்மோகன் சிங் பாராட்டினார்.

ந. வளர்மதி

இஸ்ரோவின் ரிசாட் 1 செயற்கைக் கோளின் திட்ட இயக்குநர், இந்தியப் பகுதிக்கான இடஞ்சுட்டி செயற்கைக்கோள் அமைப்பு, சரல் செயற்கைக்கோள், ஜிசாட்-7, செவ்வாய் சுற்றுகலன் திட்டம், ஜிசாட்-14 எனும் இந்திய விண்வெளி ஆராய்ச்சி நிறுவனத்தின் பல திட்டங்களில் சிறப்பாக செயல்பட்டவர் என்ற பெருமைகளை உடையவர். முன்னாள் இந்தியக் குடியரசுத் தலைவர் ஆ.ப.ஜெ. அப்துல் கலாம் நினைவாக தமிழக அரசின் சார்பில் வழங்கப்படும் அப்துல் கலாம் விருதினை பெற்ற முதலாவது நபர் இவராவார்.

வளர்மதி தமிழ்நாட்டில் அரியலூரில் 1959 சூலை 31 அன்று பிறந்தார். நடராஜன் - ராமசீத்தா தம்பதியருக்கு மூன்று பிள்ளைகளில் மூத்தவராக பிறந்தவர்.

அரியலூர் நிர்மலா மேல்நிலைப் பள்ளியில் தமிழ்வழிக் கல்வியில் படித்தவர். கல்லூரி படிப்பை அரியலூர் அரசு கலைக் கல்லூரியிலும் தொடர்ந்து கோயம்புத்தூர், அரசினர் தொழில்நுட்பக் கல்லூரியில் இளம்பொறியியல் மின்னியலிலும், சென்னை, அண்ணா பல்கலைக் கழகத்தில் முதுபொறியியல், மின்னனுவியல், தொடர்பியலிலும் படித்து முதல் நிலையில் தேர்ச்சி பெற்றதையடுத்து 1984 ஆம் ஆண்டு இஸ்ரோவில் இணைந்தார். DRDO, இசுரோ இரண்டிலும் வாய்ப்புகள் வந்தபோது இஸ்ரோவினைத் தேர்ந்தெடுத்தார்.

1984 ஆம் ஆண்டு முதல் இஸ்ரோவில் இணைந்து பணியாற்றி வரும் 2012-ம் ஆண்டு தயாரிக்கப்பட்ட 'வீவாணி படிமமாகச் செயற்கைக் கோள்' (ரிசாட்-1) திட்ட இயக்குநராகப் பணியாற்றினார். இது 24 மணி நேரமும் படம் எடுத்து அனுப்பக் கூடியது.

டாக்டர் ஏ.பி.ஜே. அப்துல் கலாம் விருது - 2015

தி இந்து தமிழ் நாளிதழின் தமிழ் திரு விருது - 2017

நிகார் சாஜி

இந்திய விண்வெளி ஆராய்ச்சி நிறுவனத்தில் பணிபுரியும் இந்திய விண்வெளி அறிவியலாளர் ஆவார். இவர் ஆதித்யா - எல் 1 இன் திட்ட இயக்குநராக உள்ளார். இந்தியாவின் முதல் சூரிய திட்டமான இது 2023, செப்டம்பர் 2 அன்று காலை 11:50 மணிக்கு வெற்றிகரமாக தொடங்கப்பட்டது.

நிகர் சுல்தானா என்ற பெயரில் ஒரு முசுலீம் குடும்பத்தில் பிறந்தவர். தந்தை சேக் மீரான் ஓர் உழவராவார். தாய் சித்தூன் பீவி ஒரு இல்லத்தரசி ஆவார். எஸ்.ஆர்.எம். அரசு மேல் நிலைப் பள்ளியில் ஆங்கிலத்தில் அடிப்படைக் கல்வியைப் பெற்றார். திருநெல்வேலி மதுரை காமராசர் பல்கலைக்கழகத்தில் பொறியியல் கல்லூரியில் பயின்று, அங்கு மின்னணுவியல், தகவல் தொடர்பி யலில் பொறியியல் பட்டம் பெற்றார்.

1987 ஆம் ஆண்டில் யு.ஆர்.ராவ் செயற்கைக்கோள் மையத்தில் இந்திய விண்வெளி ஆராய்ச்சி நிறுவனத்தில் (இஸ்ரோ) சாஜி சேர்ந்தார். இவர் பல செயற்கைக்கோள் திட்டங்களில் பணியாற்றி யுள்ளார் மற்றும் வளக்கோள் - 2ஏ இன் இணை திட்ட இயக்குநராக இருந்தார்.

நிகர் சாஜி தனது தாய், மகளுடன் பெங்களூரில் வசிக்கிறார். இவரது கணவர் துபாயில் பணிபுரிகிறார். அவரது மகன் நெதர்லாந்தில் ஓர் அறிவியலாளர் ஆவார்.

சங்கர சுப்பிரமணியன். கே.

இந்திய விண்வெளி ஆராய்ச்சி நிறுவனத்தில் (இசுரோ) பணிபுரியும் இந்தியச் சூரிய அறிவியலாளர் ஆவார். 2023 செப்டம்பர் 2 அன்று வெற்றிகரமாக ஏவப்பட்ட இந்தியாவின் முதல் சூரிய ஆதித்யா - எல்1 திட்டத்தின் முதன்மை அறிவியலாளர் ஆவார்.

சங்கரசுப்பிரமணியன் பெங்களூரு பல்கலைக்கழகத்தில் இந்திய வானியற்பியல் நிறுவனத்தில் இயற்பியலில் முனைவர் பட்டம்

பெற்றார். கருவி ஒலியியல், சூரியக் காந்தப் புலம் ஆகியவை அவரது ஆர்வமுள்ள ஆராய்ச்சிப் பகுதிகளாகும்.

சந்திரயான்-1, சந்திரயான் 2 ஆகிய இஸ்ரோ பயணங்களுக்குச் சங்கரசுப்பிரமணியன் ஏராள மான பங்களிப்புகளை வழங்கியுள்ளார். 2023 செப்டம்பர் நிலவரப்படி, அவர் யுஆர் விண்வெளி மையத்தின் விண்வெளி வானியல் குழுவின் பொறுப்பாளராக உள்ளார். இக்குழு ஆதித்யா - எல் 1, எக்ஸ்போசாட், சந்திரயான் 3 உந்துவிசை தொகுதியின் விண்வெளிப் பயணங் களில் அறிவியல் கருவிகளை உருவாக்குகிறது. 2022 அக்டோபரில் ஆதித்யா - எல் 1 திட்ட முதன்மை அறிவியலாளராக அவர் நியமிக்கப்பட்டார். ஆதித்யா-எல்1 இன் எக்ஸ் கதிர் கருவி களில் ஒன்றின் முன்னணி ஆராய்ச்சியாளராக அவர் உள்ளார். மேலும் சங்கரசுப்பிரமணியன் ஆதித்யா -எல் 1 அறிவியல் பணிக் குழுவின் தலைவராகவும் உள்ளார். இதில் பல இந்திய நிறுவனங்களி லிருந்து சூரிய அறிவியல் புல ஆராய்ச்சியாளர்கள் உள்ளனர்.

சுப்பையா அருணன்

இவர், நெல்லை மாவட்டம் ஏர்வாடி அருகே உள்ள கோதைசேரி கிராமத்தை சேர்ந்தவர். இவரது தந்தை சுப்பையா, ஏர்வாடி, வள்ளியூர், கூடங்குளம் பள்ளிகளில் தலைமையாசிரியராக பணி யாற்றியுள்ளார். இவரது தாயார் மாணிக்கம் அம்மாள். அருணன், திருக்குறுங்குடி பள்ளியிலும், பாளையங்கோட்டை சேவியர் பள்ளி யில் பயின்றுள்ளார். பின்னர், கோவை கல்லூரியில் மெக்கானிக்கல் இன்ஜினியரிங் பட்டம் பெற்றார். 1984ல் திருவனந்தபுரம் விண்வெளி ஆராய்ச்சி மையத்தில் பணியை துவக்கினார் தற்போது, பெங்களூரில் உள்ள இஸ்ரோ மையத்தில் பணிபுரிகிறார்.

திருவனந்தபுரம் ஆராய்ச்சி மையத்தில் பணியாற்றிய விஞ்ஞானி நம்பி நாராயணன், 80 என்பவரது மூத்த சகோதரியின் மகன் தான் அருணன். 1994ல், விண்வெளி ரகசியங்களை மாலத்தீவு பெண் களுக்கு கொடுத்ததாக, நம்பி நாராயணன் கைதானார். பின்னர்,

அந்த குற்றச்சாட்டு பொய் என நிரூபிக்கப்பட்டு, அதற்காக, நம்பி நாராயணனிடம் அதிகாரிகள் மன்னிப்பு கேட்டனர். நம்பி நாராயணனின் மகள் கீதாவை தான், சுப்பையா அருணன் திருமணம் செய்துள்ளார். இவர்கள், தற்போது குடும்பத்துடன் பெங்களூருவில் வசிக்கின்றனர். கீதா பள்ளி ஆசிரியையாக உள்ளார். அருணனின் அண்ணன் நல்லமுத்து வனவிலங்கு புகைப்பட கலைஞராகவும், தம்பி குமரன் சென்னையில் சினிமா இசை அமைப்பாள ராகவும் உள்ளனர்.

மேலும், அவருக்கு பாரிவள்ளல், லதா சங்கரி என சகோதர, சகோதரிகள் உள்ளனர். அருணன் குடும்பத்தினர், 15 ஆண்டுகளுக்கு முன்பே சொந்த ஊரை விட்டு வெளியேறிவிட்டாலும், பள்ளி தலைமையாசிரியரின் மகன் என்ற முறையில், விஞ்ஞானி அருணனை கோதைசேரி கிராம மக்கள் தெரிந்து வைத்துள்ளனர். நெல்லை மாவட்டம் வள்ளியூரில், அவரது நண்பர்கள், பிளக்ஸ் போர்டு வைத்து, தங்களது மகிழ்ச்சியை வெளிப்படுத்தியுள்ளனர்.

செவ்வாய்க் கிரகத்தை ஆராய, விண்ணில் ஏவப்பட்டுள்ள 'மங்கள்யான்' செயற்கைகோள் பணியின், திட்ட இயக்குநராக நெல்லையை சேர்ந்த விஞ்ஞானி சுப்பையா அருணன் பணியாற்றி யுள்ளது, சொந்த ஊர் மக்களுக்கு பெருமையாக உள்ளது.

❖

28. இந்தியாவின் விண்வெளிக் குப்பைகள்

- பூமியிலிருந்து விண்ணில் ஏவப்படும் செயற்கைக்கோள்கள் தமது பணியை முடித்ததற்கு பிறகு தனித்து விடப்படும். ஆனாலும் அவை தொடர்ந்து விண்வெளியில் மிதந்து கொண்டிருக்கும். அதே நேரத்தில் செயற்கைகோள்களை தூக்கி செல்லும் ராக்கெட்டுகளின் பாகங்களும் விண்வெளியில் ஆங்காங்கு மிதந்து சென்று கொண்டிருக்கும். மொத்தத்தில் விண்வெளியை யும் மனிதர்கள் குப்பையாக்கி வைத்திருக்கிறார்கள் என்பது நிதர்சனம்.

- பல நூறு கிலோ மீட்டர் வேகத்தில் விண்வெளியில் மிதந்து செல்லும் இந்தக் குப்பைகள் ஏற்கெனவே செயல்பட்டுக் கொண்டிருக்கும் செயற்கைகோள் மீது மோதி பெரும் சேதத்தை ஏற்படுத்தும். பூமியை சுற்றி 21,900-க்கும் மேற்பட்ட பொருள்கள் மிதந்து கொண்டிருக் கின்றன என்று சொல்லப்படுகிறது. இதில் சுமார் 4,450 பொருள்கள் மட்டுமே செயல்படும் செயற்கை கோள்களாகும். மற்றவை எல்லாம் உடைந்த செயற்கை கோள்கள், ஏவுகணைகளின் பாகங்கள் என்று கடந்த ஆண்டு வெளியான புள்ளி விவரம் ஒன்று தெரிவிக்கிறது.

- இவை தவிர, விண்வெளியில் மிதக்கும் மிகச் சிறியது முதல் 10 செ.மீ வரையிலான துகள்களின் பட்டியல் தனியாக உள்ளது என்பதும் குறிப்படத்தக்கது. பொதுவாக விண்வெளிக் குப்பை களுக்கு எந்தக் கட்டுப்பாடும் இல்லை என்று விஞ்ஞானிகள் ஆய்வு செய்து தெரிவித்துள்ளனர். தான் உண்டு தன் வேலை உண்டு என இருக்கும் செயற்கைகோள்களின் முதல் எதிரி இந்த விண்வெளிக் குப்பைகள்தான் என்பதை நாம் புரிந்து கொள்ள வேண்டும். இதனால் உலக நாடுகளுக்கு பல ஆயிரம் கோடி ரூபாய் நஷ்டம் ஏற்பட்டிருப்பதாக விஞ்ஞானிகள் உறுதிபடத் தெரிவிக்கின்றனர்.

- விண்வெளிக் குப்பைகளிடமிருந்து தப்பிக்க செயற்கைக்கோள் களில் கவச அமைப்பு ஏற்படுத்தப்பட்டாலும் அதையும் தாண்டி சிறிய துகள்களால் பாதிப்பு ஏற்படுகிறது. தொடர்ந்து விண் வெளிக் குப்பைகள் பற்றி ஆய்வு செய்து வரும் நாசா விஞ்ஞானிகள், ஒவ்வொரு நாளும் அதன் நடவடிக்கைகளை கண்காணித்து வருகின்றனர். மொத்தத்தில் அளவில் பெரிய விண்வெளிக் குப்பைகள் தொடர் கண்காணிப்பில் வைக்கப் பட்டிருக்கும். அமெரிக்கா, சீனா, ரஷ்யா ஆகியவை விண்வெளி யில் அதிக குப்பைகளை கொட்டிய முதல் மூன்று நாடுகள் ஆகும்.

- 2109-ஆம் ஆண்டு செயற்கைக்கோள் எதிர்ப்பு ஏவுகணையை வெற்றிகரமாக சோதனை செய்தது இந்தியா. இதற்கு 'மிஷன் சக்தி' என்று பெயரிடப்பட்டது. இதன் மூலம் செயற்கைக்கோள் எதிர்ப்பு ஏவுகணை வைத்துள்ள நான்காவது நாடானது நமது நாடு. போர் சூழல்களில் எதிரி நாடுகள் செயற்கைக்கோள் மூலம் நிலப்பரப்புகளை கண்காணிப்பதை இந்த ஏவுகணை மூலம் தடுக்க முடியும். செயற்கைக்கோள் எதிர்ப்பு ஏவுகணை என்பது விண்வெளிக் குப்பையை மேலும் அதிகப்படுத்தலாம். அதே நேரத்தில் விண்ணில் செயற்கைக்கோள் ஒன்றை அழிக்கும் வகையிலான சோதனைக்கு எதிர்ப்பும் கிளம்பியது.

- ஆனால் இந்தியா சோதனையை வெற்றிகரமாக நடத்தி முடித்தது. அதற்கு முன்புவரை 115 என்ற எண்ணிக்கையிலிருந்து இந்தியாவின் விண்வெளிக் குப்பை அளவு, மேற்கண்ட

ஏவுகணை சோதனையால் 160 ஆக உயர்ந்தது. இந்நிலையில் கடந்த மூன்று ஆண்டுகளில் இந்தியாவின் விண்வெளிக் குப்பைகள் பூமியின் வளிமண்டலத்துக்குள் நுழைந்து அழிவை ஏற்படுத்தியுள்ளன. ஏவுகணை சோதனைக்கு முந்தைய அளவை விட தற்போது அதிக அளவில் இந்தியாவின் விண்வெளிக் குப்பைகள் மிதந்து கொண்டிருக்கின்றன என்று நாசா விஞ்ஞானிகள் தெரிவிக்கின்றனர்.

- மத்திய அரசின் புவி அறிவியல் அமைச்சகத்தின் புள்ளி விவரப்படி கடந்த 15 ஆண்டுகளில் 12 ஆண்டுகளின் கோடைக்காலம் மிக கடுமையானதாக இருந்துள்ளது என்று கணிக்கப்பட்டுள்ளது. கோடை நாட்களின் அதிகரிப்பும் வெப்பத்தின் அளவும் ஒவ்வொரு ஆண்டும் கூடிக்கொண்டே செல்கிறது. கடந்த மார்ச் மாதம் இந்தியாவின் வடமேற்கு, மத்திய, கிழக்குப் பகுதிகளில் கோடை வெயில் அதிகமாக இருந்தது.

- ஏப்ரல் மாதம் இரண்டாவது வாரத்திலிருந்து 4.5 முதல் 8.5 செல்சியஸ் வெப்பம் அதிகரித்தது. ஏப்ரல் 27-ந் தேதி இந்தியாவி லேயே அதிக வெப்பம் உத்தர பிரதேச மாநிலம் பிரயாக் ராஜில் 45.9 செல்சியஸ் பதிவானது. அதற்கு முந்தைய நாள் ராஜஸ்தானில் பார்மர் என்ற இடத்தில் 45.1 செல்சியஸ் வெப்பம் பதிவானது.

இந்தியாவில் பல நகரங்களில் பரவலாக 42 முதல் 44 செல்சியஸ் வெப்பம் நிலவியது.

- பிரயாக் ராஜில் 45.9 செல்சியஸ் பதிவான நாளில் பூமியின் மீது நிலவிய வெப்பக்காற்று சலனத்தின் மாதிரி வரைபடம் தயாரிக்கப்பட்டுள்ளது. இந்த மாதிரி வரைபடம் நிலப்பரப்பி லிருந்து 2 மீட்டர் உயரத்திற்கு நிலவிய வெப்ப சலனத்தை காட்சிப்படுத்துகிறது. இந்தியர்கள் எல்லோருமே நெருப்பாற்றில் நீந்துகிறோம் என்றால் அது மிகையில்லை.

- அதிக அனல் காற்று வீசும்போது அதன் தாக்கம் 'சன் ஸ்ட்ரோக்' உள்ளிட்ட உடல்நலக் கோளாறுகளை ஏற்படுத்துவடன் முடிந்து போவதில்லை. காற்றின் தரம் குறைகிறது. மழை வாய்ப்பைத் தடுக்கிறது. வேளாண் விளைச்சலைக் குறைத்து விடுகிறது. இவை மட்டுமல்ல, நகர்ப்புறங்களில் மின்தேவை அதிகரிக்கிறது. அதற் கேற்ப மின் உற்பத்தியை உடனே அதிகரிப்பது எளிதல்ல. தேவையான நிலக்கரி உடனடியாக கிடைப்பதில்லை. இந்தியாவில் கடந்த ஆறு ஆண்டுகளில் இல்லாத அளவிற்கு மின்பற்றாக்குறை இந்த ஆண்டில் காணப்படுகிறது.

- இவற்றுடன் புவி வெப்பமயத்தின் தாக்கத்தால் உத்தரகண்ட், ஹிமாசல பிரதேச மலைகளில் பனி உருகுவதும் அதிகரித்துள்ளது. அதிகபட்ச வெப்பம் நிலவிய ஏப்ரல் 27-ஆம் தேதி இந்தியாவில் 300க்கும் மேற்பட்ட இடங்களில் காட்டுத்தீ ஏற்பட்டதாக மத்திய வனத்துறை அறிக்கை கூறுகிறது. இதில் 30 சதவிகித காடுகள் உத்தரகண்ட் மாநிலத்தில் உள்ளவை.

- வானிலையின் மாறுபாடுகளால் வெப்பக்காற்று வெளியேற வழி யின்றி மேற்பரப்பிலேயே தங்குவதால் இரவு முழுவதும் லேசான வெப்பம் தொடர்கிறது. குறைந்துவரும் விண்வெளிக் குப்பை களை மேலும் குறைப்பதற்கும், அதிகரிக்கும் வெப்ப சலனத்தை கட்டுப் படுத்துவதற்கும் அறிவியல் ரீதியான அணுகுமுறைகள் குறித்து அரசு பரிசீலிக்க வேண்டியது காலத்தின் கட்டாயம்.

✽